高等学校教材配套教辅

哈尔滨工业大学（深圳）本科课程建设项目，项目编号 HITSZUCP17022

高等数学作业集

GAODENG SHUXUE ZUOYEJI

张　彪　严质彬　主编

哈尔滨工业大学出版社

HARBIN INSTITUTE OF TECHNOLOGY PRESS

内 容 简 介

本书是与哈尔滨工业大学深圳校区高等数学课程配套使用的作业集.
内容包括:各章作业集,秋季学期期中考试测试题,秋季学期期末考试测试
题,春季学期期中考试测试题,春季学期期末考试测试题.

本书可供理工科大学非数学专业一年级新生学习高等数学课程配套
使用,也可作为报考工科硕士研究生人员复习使用.

图书在版编目(CIP)数据

高等数学作业集/张彪,严质彬主编. —哈尔滨:哈尔滨
工业大学出版社,2018.8(2023.7 重印)
ISBN 978 - 7 - 5603 - 7631 - 8

Ⅰ.①高⋯　Ⅱ.①张⋯②严⋯　Ⅲ.①高等数学－高等
学校－习题集　Ⅳ.①O13 - 44

中国版本图书馆 CIP 数据核字(2018)第 200082 号

策划编辑　刘培杰　张永芹
责任编辑　刘立娟　刘家琳
封面设计　孙茵艾
出版发行　哈尔滨工业大学出版社
社　　址　哈尔滨市南岗区复华四道街 10 号　邮编 150006
传　　真　0451 - 86414749
网　　址　http://hitpress.hit.edu.cn
印　　刷　黑龙江艺德印刷有限责任公司
开　　本　787 mm×1 092 mm　1/16　印张 15.25　字数 344 千字
版　　次　2018 年 8 月第 1 版　2023 年 7 月第 6 次印刷
书　　号　ISBN 978 - 7 - 5603 - 7631 - 8
定　　价　29.80 元

前　言

　　本书是在编者多年从事高等数学教学的基础上,参考了高等数学教材、习题集以及高等数学考试题而编写的。本书的作业集部分是按照同济大学数学系编写的《高等数学》目录顺序编写的,可以与同济大学数学系编写的《高等数学》配套使用。作业集覆盖各章节的主要内容,以基础题为主,辅以一定数量的提高题和综合题,目的是帮助学生全面学习和掌握高等数学课程的知识。为了帮助学生复习,在秋季学期和春季学期还分别配套了相应的期中、期末考试测试题。

　　本书得到了哈尔滨工业大学(深圳)本科课程建设项目的资助,在此表示感谢。由于编者水平有限,书中难免存在缺点和疏漏,恳请读者批评指正。

编者

2018 年 8 月

目　录

第一章   函数与极限

习 题 一

1.1

1.求下列函数的定义域.

(1)$y = \dfrac{1}{1-x^2}$;

(2)$y = \sqrt{x^2-x}\,\arcsin x$.

2.计算函数值.

(1)设 $f(x) = \dfrac{|x-2|}{x+1}$,求 $f(2),f(-2),f(0),f(a+b)(a+b \neq -1)$;

(2)设 $f(x) = \begin{cases} |\sin x|, & |x| < 1 \\ 0, & |x| \geqslant 1 \end{cases}$,求 $f(1),f(-2),f\left(\dfrac{\pi}{4}\right),f\left(-\dfrac{\pi}{4}\right)$.

3.下列函数中哪些是偶函数,哪些是奇函数,哪些既非偶函数又非奇函数?

(1)$y = \sin x - \cos x + 1$;

(2)$y = \log_2\left(x + \sqrt{x^2+1}\right)$;

(3)$y=2^{-x}(1+2^x)^2$.

(3)$y=x\cos x$.

4.下列函数中哪些是周期函数？并对于周期函数，指出其周期.

(1)$y=|\sin x|$;

5.求下列函数的反函数.

(1)$y=\sqrt[3]{x+1}$;

(2)$y=\tan(\pi x)+10$;

(2)$y=\dfrac{2^x}{1+2^x}$;

$(3)y=\begin{cases}-x,-1\leqslant x\leqslant 0\\x+1,0<x\leqslant 1\end{cases}.$

7. 下列函数是由哪些基本初等函数复合而成的?

$(1)y=\cos^2\dfrac{1}{x};$

6. 设 $f(x)$ 的定义域 $D=[0,1]$，求下列函数的定义域.

$(1)f(\sin x);$

$(2)y=\lg\lg\lg\sqrt{x};$

$(2)f(x+a)+f(x-a)(a>0).$

$(3)y=3^{\arctan x^2}.$

8. 设 $f(x)$ 是奇函数，当 $x > 0$ 时，$f(x) = x - x^2$，求当 $x < 0$ 时 $f(x)$ 的表达式.

9. 设 $f(x) = \sin x$，$f(g(x)) = 1 - x^2$，且 $|g(x)| \leqslant \dfrac{\pi}{2}$，求 $g(x)$ 及其定义域.

10. 设 $f(x) = \begin{cases} x^2, & x \leqslant 4 \\ \mathrm{e}^x, & x > 4 \end{cases}$，$g(x) = \begin{cases} x + 1, & x \leqslant 0 \\ \ln x, & x > 0 \end{cases}$，求 $f(g(x))$ 和 $g(f(x))$.

11. 设 $f(x)$，$g(x)$ 互为反函数，求下列函数的反函数.

(1) $f\left(1 - \dfrac{1}{x}\right)$；

(2) $f(2^x)$.

12.设 $f(x)$ 对一切 x 都满足 $f(a-x)=f(x)$ 及 $f(b-x)=f(x)$，$a\neq b$，证明：$f(x)$ 是周期函数.

（2）若 $g(x)$ 为奇函数，则当 $f(u)$ 是奇函数时，$f(g(x))$ 为奇函数；当 $f(u)$ 是偶函数时，$f(g(x))$ 为偶函数；

13.设函数 $y=f(g(x))$ 由 $y=f(u)$，$u=g(x)$ 复合而成，试证：

（1）若 $g(x)$ 为偶函数，则 $f(g(x))$ 也是偶函数；

（3）若 $g(x)$ 为周期函数，则 $f(g(x))$ 也是周期函数.

1.2

1. 预测下列数列 $\{x_n\}$ 的极限 a，指出从哪一项开始能使 $|x_n-a|$ 永远小于 $0.01,0.001$.

(1) $x_n=\dfrac{1}{2n}$；

(2) $x_n=\dfrac{1}{n}\cos\dfrac{n\pi}{2}$.

2. 根据数列极限的定义证明：

(1) $\lim\limits_{n\to\infty}\dfrac{1}{n^2}=0$；

(2) $\lim\limits_{n\to\infty}(\sqrt{n+1}-\sqrt{n})=0$.

3. 设数列 $\{x_n\}$ 有界，又 $\lim\limits_{n\to\infty}y_n=0$，证明：$\lim\limits_{n\to\infty}x_ny_n=0$.

1. 3

1. 当 $x \to 2$ 时，$y = x^2 \to 4$，问 δ 等于多少，使得当 $|x-2| < \delta$ 时，$|y-4| < 0.001$？

(3) $\lim\limits_{x \to -2} \dfrac{x^2-4}{x+2} = -4$.

2. 根据函数极限的定义证明：

(1) $\lim\limits_{x \to \infty} \dfrac{2x+3}{x} = 2$；

3. 求 $f(x) = \dfrac{x}{x}$，$\varphi(x) = \dfrac{|x|}{x}$ 当 $x \to 0$ 时的左、右极限，并说明它们在 $x \to 0$ 时的极限是否存在.

(2) $\lim\limits_{x \to 2}(5x+2) = 12$；

1.4

1. 根据定义证明：

(1) $f(x) = \dfrac{x^2 - 9}{x + 3}$ 为当 $x \to 3$ 时的无穷小；

(2) $f(x) = \dfrac{1 + 2x}{x}$ 为当 $x \to 0$ 时的无穷大.

2. 函数 $f(x) = x\cos x$ 在 $(-\infty, +\infty)$ 内是否有界？当 $x \to \infty$ 时，$f(x)$ 是否为无穷大？为什么？

3. 根据函数极限与无穷小的关系解答：

(1) 把 $f(x) = \dfrac{x^2 - 1}{x^2 + x + 1}$ 表示为一个常数与一个当 $x \to 0$ 时的无穷小之和的形式；

(2) 把 $f(x) = \dfrac{x^3}{2x^3 - 1}$ 表示为一个常数与一个当 $x \to \infty$ 时的无穷小之和的形式.

4. 求函数 $f(x) = \dfrac{4}{2 - x^2}$ 的图形的渐近线.

1.5

1.计算下列极限.

(1) $\lim\limits_{x \to -1} \dfrac{x^2 + 2x + 5}{x^2 + 1}$;

(2) $\lim\limits_{h \to 0} \dfrac{(x+h)^2 - x^2}{h}$;

(3) $\lim\limits_{x \to \infty} \left(1 + \dfrac{1}{x}\right)\left(2 - \dfrac{1}{x^2}\right)$;

(4) $\lim\limits_{n \to \infty}\left(1 + \dfrac{1}{2} + \dfrac{1}{4} + \cdots + \dfrac{1}{2^n}\right)$;

(5) $\lim\limits_{n \to \infty}\left[\dfrac{1}{1 \cdot 2} + \dfrac{1}{2 \cdot 3} + \cdots + \dfrac{1}{n(n+1)}\right]$;

(6) $\lim\limits_{x \to \infty} \dfrac{(3x-1)^{25}(2x-1)^{20}}{(2x+1)^{45}}$;

(7) $\lim\limits_{x\to 4} \dfrac{\sqrt{2x+1}-3}{\sqrt{x-2}-\sqrt{2}}$;

2. 已知 $\lim\limits_{x\to\infty}\left[\dfrac{x^2+1}{x+1}-(ax+b)\right]=0$，求常数 a,b.

(8) $\lim\limits_{x\to+\infty} x(\sqrt{x^2+1}-\sqrt{x^2-1})$;

3. 已知 $\lim\limits_{x\to\pi} f(x)$ 存在，且 $f(x)=\cos x+2\sin\dfrac{x}{2}\cdot\lim\limits_{x\to\pi} f(x)$，

求函数 $f(x)$.

(9) $\lim\limits_{x\to 0} \dfrac{\sqrt{\cos x}-\sqrt[3]{\cos x}}{\sin^2 x}$.

1. 6

1. 计算下列极限.

(1) $\lim\limits_{n\to\infty}\left(\dfrac{1}{n+1}+\dfrac{1}{n+\sqrt{2}}+\cdots+\dfrac{1}{n+\sqrt{n}}\right)$;

(2) $\lim\limits_{n\to\infty}\left[\dfrac{1}{n^2}+\dfrac{2}{n^2+\pi}+\cdots+\dfrac{n}{n^2+(n-1)\pi}\right]$;

(3) $\lim\limits_{n\to\infty}\left[(n+1)^{\alpha}-n^{\alpha}\right],0<\alpha<1$.

2. 计算下列极限.

(1) $\lim\limits_{x\to0}\dfrac{x+x^2}{\tan 2x}$;

(2) $\lim\limits_{x\to n\pi}\dfrac{\sin x}{x-n\pi}$ (n 为正整数);

(3) $\lim\limits_{x\to a}\dfrac{\sin x-\sin a}{x-a}$;

(4) $\lim\limits_{x\to\frac{\pi}{3}} \dfrac{1-2\cos x}{\sin\left(x-\dfrac{\pi}{3}\right)}$;

(2) $\lim\limits_{x\to+\infty} \left(\dfrac{2x-1}{2x+1}\right)^{x}$;

(3) $\lim\limits_{n\to\infty} \left(1+\dfrac{x}{n}+\dfrac{x^{2}}{2n^{2}}\right)^{-n}$;

(5) $\lim\limits_{x\to0^{+}} \dfrac{\sqrt{1-\cos x}}{x}$.

(4) $\lim\limits_{x\to0}(2\sin x+\cos x)^{\frac{1}{x}}$.

3. 计算下列极限.

(1) $\lim\limits_{x\to0}(1-x)^{\frac{1}{x}}$;

4. 已知 $\lim\limits_{x \to \infty} \left(\dfrac{x+a}{x-a} \right)^x = 9$，求常数 a.

1.7

1. 当 $x \to 1$ 时，无穷小 $1-x$ 和 $(1)1-x^3$，$(2)2(1-\sqrt{x})$ 是否同阶，是否等价？

5. 设数列 $\{x_n\}$ 由关系式 $x_1 = \sqrt{2}$，$x_{n+1} = \sqrt{2+x_n}$ $(n=1, 2, \cdots)$ 所确定，证明：数列 $\{x_n\}$ 的极限存在，并求出极限值.

2. 证明：当 $x \to 0$ 时，有 $\sec x - 1 \sim \dfrac{x^2}{2}$.

3. 当 $x \to 0$ 时，试确定下列各无穷小对 x 的阶数，并写出其幂函数形式的主部.（若两个无穷小 α 和 β 满足关系式 $\beta = \alpha + o(\alpha)$，则称 α 是 β 的主部.）

(1) $\sqrt[3]{x^2} - \sqrt[3]{x}$；

(2) $\sqrt{a + x^3} - \sqrt{a}$ $(a > 0)$.

4. 利用等价无穷小代换法求下列极限.

(1) $\lim\limits_{x \to 0} \dfrac{\tan 3x}{2x}$；

(2) $\lim\limits_{x \to 0} \dfrac{\ln(1 + x)}{\sqrt{1 + x} - 1}$；

(3) $\lim\limits_{x \to 0} \dfrac{\sin x^n}{(\sin x)^m}$ $(n, m$ 为正整数)；

(4) $\lim\limits_{x \to 0^+} \dfrac{\sin x^3 \tan x (1 - \cos x)}{\sqrt{x + \sqrt[3]{x}} \left(\sqrt[6]{x^5} \sin^5 x \right)}$.

1.8

1.下列函数在指出的点处间断，说明这些间断点属于哪一类. 如果是可去间断点，那么补充或改变函数的定义使它连续.

$(1)y = \dfrac{x^2-1}{x^2-3x+2}, x=1, x=2;$

$(2)y = \dfrac{x}{\tan x}, x=k\pi, x=k\pi+\dfrac{\pi}{2}(k=0, \pm 1, \pm 2, \cdots);$

$(3)y = \cos^2 \dfrac{1}{x}, x=0;$

$(4)y = \begin{cases} x-1, x \leqslant 1 \\ 3-x, x > 1 \end{cases}, x=1.$

2. 设

$$f(x) = \begin{cases} 1 + x^2, & x < 0 \\ a, & x = 0 \\ \dfrac{\sin bx}{x}, & x > 0 \end{cases}$$

试问:(1) 当 a, b 为何值时,$\lim\limits_{x \to 0} f(x)$ 存在? (2) 当 a, b 为何值时,$f(x)$ 在 $x = 0$ 处连续?

3. 讨论函数 $f(x) = \lim\limits_{n \to \infty} \dfrac{1 - x^{2n}}{1 + x^{2n}} x$ 的连续性,若有间断点,则判别其类型.

1.9

1. 求函数 $f(x) = \dfrac{x^3 + 3x^2 - x - 3}{x^2 + x - 6}$ 的连续区间,并求极限 $\lim\limits_{x \to 0} f(x), \lim\limits_{x \to -3} f(x)$ 及 $\lim\limits_{x \to 2} f(x)$.

2. 计算下列极限.

(1) $\lim\limits_{x \to 0} \ln \dfrac{\sin x}{x}$;

（2）$\lim\limits_{x\to 0}\dfrac{\ln(x+a)-\ln a}{x}$；

（3）$\lim\limits_{x\to 0}\dfrac{\sqrt[m]{1+\alpha x}\sqrt[n]{1+\beta x}-1}{x}$；

（4）$\lim\limits_{x\to 0}\left(\dfrac{a^x+b^x+c^x}{3}\right)^{\frac{1}{x}}(a,b,c>0)$.

3. 设 $f(x)$ 在 **R** 上连续，且 $f(x)\neq 0$，$\varphi(x)$ 在 **R** 上有定义，且有间断点，则下列陈述中哪些是对的，哪些是错的？ 如果是对的，试说明理由；如果是错的，试给出一个反例.

（1）$\varphi[f(x)]$ 必有间断点；

（2）$[\varphi(x)]^2$ 必有间断点；

（3）$f[\varphi(x)]$ 未必有间断点；

(4) $\dfrac{\varphi(x)}{f(x)}$ 必有间断点.

4. 若 $f(x)$ 连续，$|f(x)|$，$[f(x)]^2$ 是否也连续？ 又若 $|f(x)|$，$[f(x)]^2$ 连续时，$f(x)$ 是否也连续？

1.10

1. 证明：方程 $x^5 - 3x = 1$ 至少有一个根介于 1 和 2 之间.

2. 证明：任一最高次幂的指数为奇数的代数方程
$$a_0 x^{2n+1} + a_1 x^{2n} + \cdots + a_{2n}x + a_{2n+1} = 0$$
至少有一个实根，其中 $a_0, a_1, \cdots, a_{2n+1}$ 均为实常数，$n \in \mathbf{N}$.

3. 证明:若 $f(x)$ 在闭区间 $[a,b]$ 上连续, $a < x_1 < x_2 < \cdots < x_n < b (n \geqslant 3)$, 则在开区间 (x_1, x_n) 内至少有一点 ξ, 使 $f(\xi) = \dfrac{f(x_1) + f(x_2) + \cdots + f(x_n)}{n}$.

4. 证明:若 $f(x)$ 在开区间 $(a, +\infty)$ 内连续, 且 $\lim\limits_{x \to a^+} f(x)$ 和 $\lim\limits_{x \to +\infty} f(x)$ 都存在, 则 $f(x)$ 必在 $(a, +\infty)$ 内有界.

总习题一

1.以下两题中给出了四个结论,从中选出一个正确的结论.

(1) 设 $f(x)=2^x+3^x-2$,则当 $x \to 0$ 时,有(　　).

(A) $f(x)$ 与 x 是等价无穷小

(B) $f(x)$ 与 x 同阶但非等价无穷小

(C) $f(x)$ 是比 x 高阶的无穷小

(D) $f(x)$ 是比 x 低阶的无穷小

(2) 设 $f(x)=\dfrac{\mathrm{e}^{\frac{1}{x}}-1}{\mathrm{e}^{\frac{1}{x}}+1}$,则 $x=0$ 是 $f(x)$ 的(　　).

(A) 可去间断点　　　(B) 跳跃间断点

(C) 第二类间断点　　(D) 连续点

2.求下列极限.

(1) $\lim\limits_{x \to -\infty} x(\sqrt{x^2+20}+x)$;

(2) $\lim\limits_{x \to \frac{\pi}{4}} \tan 2x \tan\left(\dfrac{\pi}{4}-x\right)$;

(3) $\lim\limits_{n \to \infty} n(1-x^{\frac{1}{n}})\ (x>0)$;

(4) $\lim\limits_{x \to 0} \left(\dfrac{3-e^x}{2+x}\right)^{\frac{1}{\sin x}}$;

4. 设 $f(x) = \dfrac{e^x - a}{x(x-1)}$，问常数 a 取何值时，$x=1$ 是可去间断点，此时 $x=0$ 是哪类间断点？

(5) $\lim\limits_{n \to \infty} \sin^2 (\pi \sqrt{n^2 + n})$.

5. 设 $f(x)$ 在 $x=0$ 附近连续，且 $\lim\limits_{x \to 0}\left[1 + x + \dfrac{f(x)}{x}\right]^{\frac{1}{x}} = e^3$，求 $\lim\limits_{x \to 0}\left[1 + \dfrac{f(x)}{x}\right]^{\frac{1}{x}}$.

3. 已知 $x \to 0$ 时，$(1 + ax^2)^{\frac{1}{3}} - 1$ 与 $\cos x - 1$ 是等价无穷小，求常数 a.

6.设 $f(x)$ 对任何实数 x_1, x_2 满足 $f(x_1 + x_2) = f(x_1) + f(x_2)$，且 $f(x)$ 在点 $x = a$ 处连续，证明：$f(x)$ 是连续函数.

7.设 $f(x)$ 在区间 $(-\infty, +\infty)$ 内连续，且 $f[f(x)] = x$，证明：必存在一点 ξ，使得 $f(\xi) = \xi$.

第二章　导数与微分

习　题　二

2.1

1. 设物体绕定轴旋转,在时间间隔 $[0,t]$ 上转过角度 θ,从而转角 θ 是时间 t 的函数: $\theta=\theta(t)$. 如果旋转是匀速的,那么称 $\omega=\dfrac{\theta}{t}$ 为该物体旋转的角速度. 如果旋转是非匀速的,应怎样定义该物体在时刻 t_0 的角速度?

2. 按导数定义,求下列函数的导数.

(1) 设 $f(x)=10x^2$,求 $f'(-1)$;

(2) 设 $f(x)=x^2\sin(x-2)$,求 $f'(2)$;

(3) 设 $f(x)=\ln(2x+1)$,求 $f'(x)$.

3. 若 $f'(a)$ 存在,求下列极限.

(1) $\lim\limits_{n\to\infty} n\left[f(a)-f\left(a+\dfrac{1}{n}\right)\right]$;

(2) $\lim\limits_{h\to 0}\dfrac{f(a+2h)-f(a-h)}{h}$.

4.如果 $f(x)$ 为偶函数,且 $f'(0)$ 存在,试证:$f'(0)=0$.

$$(3)f(x)=\begin{cases}x\arctan\dfrac{1}{x},x\neq 0\\ 0,x=0\end{cases}.$$

5.讨论下列函数在 $x=0$ 处的连续性与可导性.

$(1)f(x)=|\sin x|$;

6.设函数 $f(x)=\begin{cases}\ln(1+2x),-\dfrac{1}{2}<x\leqslant 1\\ ax+b,x>1\end{cases}$,为了使函数

$f(x)$ 在 $x=1$ 处可导,问 a 和 b 应取何值?

$$(2)f(x)=\begin{cases}x^2\sin\dfrac{1}{x},x\neq 0\\ 0,x=0\end{cases};$$

7.求曲线 $y = \cos x$ 在点 $\left(\dfrac{\pi}{3}, \dfrac{1}{2}\right)$ 处的切线方程和法线方程.

8.当 a 取何值时,曲线 $y = a^x$ 和直线 $y = x$ 相切,并求出切点的坐标.

9.求双曲线 $y = \dfrac{1}{x}$ 与抛物线 $y = \sqrt{x}$ 的交角.

2.2

1.求下列函数的导数.

(1) $y = x^3 + \dfrac{7}{x^4} - \dfrac{2}{x} + 12$;

(2) $y = 2\lg x - 3\arctan x$;

(3) $y = 2^x \tan x + \sec x$;

$(4) y = x^2 \ln x \cos x;$

$(5) y = \dfrac{e^x}{x^2} + \ln 3.$

2. 矩形的长为 $x(t)$, 宽为 $y(t)$, 都是时间 t 的可导函数, 求矩形面积 $S(t)$ 的变化速度.

3. 设 $x = g(y)$ 与 $y = f(x)$ 互为反函数, $g(2) = 1$, 且 $f'(1) = 3$, 求 $g'(2)$.

4. 求下列函数的导数.

$(1) y = e^{\sin 3x};$

$(2) y = \sin \cos \dfrac{1}{x};$

$(3) y = \left(\arcsin \dfrac{x}{2} \right)^2$;

$(6) y = x \arcsin \dfrac{x}{2} + \sqrt{4 - x^2}$;

$(4) y = \log_2 \log_3 \log_5 x$;

$(7) y = \dfrac{\sin^2 x}{\sin x^2}$;

$(5) y = \ln(\csc x - \cot x)$;

$(8) y = \ln(x + \sqrt{4 + x^2})$;

(9)$y = a^{b^x} + x^{a^b} + b^{x^a}$ $(x, a, b > 0, a, b$ 为常数$)$；

5. 若 $f(x) = \sin x$，求 $f'(a)$，$[f(a)]'$，$f'(2x)$，$[f(2x)]'$，$f'(f(x))$ 和 $[f(f(x))]'$.

(10)$y = \begin{cases} 1-x, & x \leqslant 0 \\ e^{-x} \cos 3x, & x > 0 \end{cases}$.

6. 设 $f(x)$ 和 $g(x)$ 均可导，且下列函数有定义，求它们的导数.

(1)$y = \sqrt{f^2(x) + g^2(x)}$ $(f^2(x) + g^2(x) \neq 0)$；

(2)$y = f(\sin^2 x) + g(\cos^2 x)$.

7. 已知 $y = f\left(\dfrac{3x-2}{3x+2}\right)$，$f'(x) = \arctan x^2$，求 $y'|_{x=0}$.

$(3)\, y = \dfrac{e^x}{x}$；

2.3

1. 求下列函数的二阶导数.

$(1)\, y = 2x^2 + \ln x$；

$(4)\, y = \sin f(x^2)\,(f''(x)\ 存在)$.

$(2)\, y = \ln(1 - x^2)$；

2. 试从 $\dfrac{\mathrm{d}x}{\mathrm{d}y} = \dfrac{1}{y'}$ 导出 $\dfrac{\mathrm{d}^2 x}{\mathrm{d}y^2} = -\dfrac{y''}{(y')^3}$.

3. 密度大的陨星进入大气层时, 当它离地心为 s km 时的速度与 $\sqrt{s}$ 成反比. 试证: 陨星的加速度与 s^2 成反比.

4. 设 $P(x)=x^5-2x^4+3x-2$, 将 $P(x)$ 化为 $(x-1)$ 的幂的多项式.

5. 求下列函数的 n 阶导数.

(1) $y=\sin^2 x$;

(2) $y=\dfrac{x^2}{x^2-x-2}$.

6. 求函数 $f(x)=x^2\ln(1+x)$ 在 $x=0$ 处的 n 阶导数 $f^{(n)}(0)(n\geqslant 3)$.

2.4

1.求由下列方程所确定的隐函数的导数 $\dfrac{\mathrm{d}y}{\mathrm{d}x}$.

(1) $y^2 - 2xy + 9 = 0$；

(2) $\arctan \dfrac{y}{x} = \ln\sqrt{x^2 + y^2}$.

2.求曲线 $x^{\frac{2}{3}} + y^{\frac{2}{3}} = a^{\frac{2}{3}}$ 在点 $\left(\dfrac{\sqrt{2}}{4}a, \dfrac{\sqrt{2}}{4}a\right)$ 处的切线方程和法

线方程.

3.求由下列方程所确定的隐函数的二阶导数 $\dfrac{\mathrm{d}^2 y}{\mathrm{d}x^2}$.

(1) $b^2 x^2 + a^2 y^2 = a^2 b^2$；

(2) $y = 1 + x\mathrm{e}^y$.

4.求下列函数的导函数或指定点处的导数.

(1)$y=(\sin x)^{\cos x}(0<x<\pi)$;

(4)$x^y+y^x=3$,求$\dfrac{dy}{dx}\Big|_{x=1}$.

(2)$y=(1+x^2)^{\frac{1}{x}}$,求$\dfrac{dy}{dx}\Big|_{x=1}$;

5.求下列参数方程所确定的函数的导数$\dfrac{dy}{dx}$.

(1)$\begin{cases}x=t^3+1\\y=t^2\end{cases}$;

(3)$y=\sqrt{\dfrac{x(x^2+1)}{(x^2-1)^2}}$;

(2)$\begin{cases}x=\ln(1+t^2)\\y=t-\arctan t\end{cases}$.

6. 设 $x = f(t) - \pi, y = f(e^{3t} - 1)$,其中 f 可导,且 $f'(0) \neq 0$,求 $\dfrac{dy}{dx}\Big|_{t=0}$.

7. 求曲线 $\begin{cases} x = \dfrac{3at}{1+t^2} \\ y = \dfrac{3at^2}{1+t^2} \end{cases}$ 在 $t = 2$ 时相应点处的切线方程和法线方程.

8. 求对数螺线 $r = e^\theta$ 在 $(r, \theta) = \left(e^{\frac{\pi}{2}}, \dfrac{\pi}{2} \right)$ 处的切线的直角坐标方程.

9. 求下列参数方程所确定的函数的二阶导数 $\dfrac{d^2 y}{dx^2}$.

(1) $\begin{cases} x = 3e^{-t} \\ y = 2e^t \end{cases}$;

(2) $\begin{cases} x = f'(t) \\ y = tf'(t) - f(t) \end{cases}$ $(f''(t)$ 存在且不为零$)$.

10. 溶液自深 18 cm、顶直径 12 cm 的正圆锥形漏斗中漏入一直径为 10 cm 的圆柱形筒中,开始时漏斗中盛满了溶液. 已知当溶液在漏斗中深为 12 cm 时,其表面下降的速率为 1 cm/min. 问此时圆柱形筒中溶液表面上升的速率为多少?

2.5

1. 已知 $y=x^3-x$,计算在 $x=2$ 处当 Δx 分别等于 1,0.1, 0.01 时的 Δy 及 dy.

2. 求下列函数的微分.

(1) $y=x\ln x-x$;

(2) $y=\mathrm{e}^{-x}\cos(3-x)$;

(3) $y=\mathrm{e}^{-\frac{x}{y}}$;

(4) $y=\arctan\dfrac{u(x)}{v(x)}(u',v'$ 存在$)$.

3.将适当的函数填入括号内,使下列各式成为等式.

(1) $\dfrac{1}{x}\mathrm{d}x = \mathrm{d}($ 　　$)$;

(2) $\dfrac{1}{\sqrt{1-x^2}}\mathrm{d}x = \mathrm{d}($ 　　$)$;

(3) $\sec^2 x\,\mathrm{d}x = \mathrm{d}($ 　　$)$;

(4) $\mathrm{e}^{-2x}\mathrm{d}x = \mathrm{d}($ 　　$)$;

(5) $x^2\mathrm{e}^{-x^3}\mathrm{d}x = ($ 　　$)\mathrm{d}(-x^3)$;

(6) $\mathrm{d}(\sin\sqrt{\cos x}) = ($ 　　$)\mathrm{d}(\cos x)$.

4.若 $f'(x_0) = \dfrac{1}{2}$,则当 $\Delta x \to 0$ 时,$f(x)$ 在点 x_0 处的微分 $\mathrm{d}y$ 是 Δx 的(　　).

　(A) 高阶无穷小

　(B) 低阶无穷小

　(C) 同阶但不等价无穷小

　(D) 等价无穷小

总习题二

1.设 $f(x) = x(x+1)(x+2)\cdots(x+n)(n \geqslant 2)$,求 $f'(0)$.

2.求下列函数 $f(x)$ 的 $f'_-(0)$ 及 $f'_+(0)$,又 $f'(0)$ 是否存在?

(1) $f(x) = \begin{cases} \sin x, & x < 0 \\ \ln(1+x), & x \geqslant 0 \end{cases}$;

(2) $f(x) = \begin{cases} \dfrac{x}{1+\mathrm{e}^{\frac{1}{x}}}, & x \neq 0 \\ 0, & x = 0 \end{cases}$.

3. n 在什么条件下，函数 $f(x) = \begin{cases} x^n \sin \dfrac{1}{x}, & x \neq 0 \\ 0, & x = 0 \end{cases}$ 在 $x = 0$

处：(1) 连续；(2) 可导；(3) 导数连续.

4. 设 $f(x+y) = \dfrac{f(x)+f(y)}{1-f(x)f(y)}$，且 $f'(0) = 1$，求 $f'(x)$.

5. 设 $f(0) = 0$，则 $f(x)$ 在 $x = 0$ 处可导的充要条件为（　　）.

(A) $\lim\limits_{h \to 0} \dfrac{1}{h^2} f(1-\cos h)$ 存在

(B) $\lim\limits_{h \to 0} \dfrac{1}{2h} f(1-e^h)$ 存在

(C) $\lim\limits_{h \to 0} \dfrac{1}{h^2} f(\tan h - \sin h)$ 存在

(D) $\lim\limits_{h \to 0} \dfrac{1}{h} [f(h) - f(-h)]$ 存在

6. 设 $y = y(x)$ 由 $\begin{cases} x = 3t^2 + 2t + 3 \\ e^y \sin t - y + 1 = 0 \end{cases}$ 确定，求 $\dfrac{d^2 y}{dx^2}\Big|_{t=0}$.

7. 设 $u=f(\varphi(x)+y^2)$，其中 $y=y(x)$ 由方程 $y+e^y=x$ 确定，且 f,φ 均有二阶导数，求 $\dfrac{du}{dx}$ 和 $\dfrac{d^2u}{dx^2}$.

8. 设 $y=y(x)$ 在区间 $[-1,1]$ 上有二阶导数，且满足 $(1-x^2)\dfrac{d^2y}{dx^2}-x\dfrac{dy}{dx}+a^2y=0$，作变换 $x=\sin t$，证明：这时 y 满足

$$\frac{d^2y}{dt^2}+a^2y=0.$$

9. 设 $y = y(x)$ 由方程 $\varphi(\sin x) + \sin \varphi(y) = \varphi(x + y)$ 所确定,其中 φ 可导,求 dy.

11. 水流入半径为 $10\ \text{m}$ 的半球形蓄水池,求水深 $h = 5\ \text{m}$ 时,水的体积 V 对深度的变化率. 如果注水速度是 $5\sqrt{3}\ \text{m}^3/\text{min}$,问 $h = 5\ \text{m}$ 时水面半径的变化速度是多少? $\left(\text{球缺体积 } V = \pi h^2\left(R - \dfrac{h}{3}\right).\right)$

10. 设 $f(u)$ 可导,函数 $y = f(x^2)$ 在 $x = -1$ 处取增量 $\Delta x = -0.1$ 时,相应的函数增量 Δy 的线性主部为 0.1,求 $f'(1)$.

第三章　　微分中值定理与导数的应用

习　题　三

3.1

1. 下列函数在指定的区间上是否满足罗尔定理的条件？在区间内是否存在点 ξ 使 $f'(\xi) = 0$？

(1) $f(x) = x^3 + 4x^2 - 7x - 10, [-1, 2]$;

(2) $f(x) = 1 - \sqrt[3]{x^2}, [-1, 1]$.

2. 设 $f(x) = \begin{cases} 3 - x^2, 0 \leqslant x \leqslant 1 \\ \dfrac{2}{x}, 1 < x \leqslant 2 \end{cases}$ ，在区间 $[0, 2]$ 上是否满足拉格朗日中值定理的条件？ 满足等式 $f(2) - f(0) = f'(\xi)(2 - 0)$ 的 ξ 共有几个？

3. 不用求出函数 $f(x) = (x-1)(x-2)(x-3)(x-4)$ 的导数，说明方程 $f'(x) = 0$ 有几个实根，并指出它们所在的区间.

4. 证明：当 $x \geqslant 1$ 时，$\arctan x - \dfrac{1}{2}\arccos \dfrac{2x}{1+x^2} = \dfrac{\pi}{4}$.

5. 证明下列不等式.

(1) 当 $a > b > 0, n > 1$ 时，$nb^{n-1}(a-b) < a^n - b^n < na^{n-1}(a-b)$；

(2) 当 $x > 0$ 时，$\dfrac{x}{1+x} < \ln(1+x) < x$.

6. 设 $f(x)$ 在闭区间 $[a,b]$ 上连续，在开区间 (a,b) 内可导，$a > 0$，试证：存在点 $\xi \in (a,b)$，使得 $f(b) - f(a) = \xi f'(\xi) \ln \dfrac{b}{a}$.

7. 设 $f(x)$ 在闭区间 $[a,b]$ 上二阶可导，且 $f(a) = f(b) = 0$，$f(c) < 0 (a < c < b)$，证明：存在点 $\xi \in (a,b)$ 使得 $f''(\xi) > 0$.

8. 设 $f(x)$ 和 $g(x)$ 在区间 I 上可导,证明:在 $f(x)$ 的任意两个零点之间,必有方程 $f'(x)+f(x)g'(x)=0$ 的实根.

9. 设 $f(x)$ 在闭区间 $\left[0,\dfrac{\pi}{2}\right]$ 上可导,且 $f(0)f\left(\dfrac{\pi}{2}\right)<0$,证明:存在点 $\xi\in\left(0,\dfrac{\pi}{2}\right)$,使得 $f'(\xi)=f(\xi)\tan\xi$.

3.2

1. 求下列极限.

(1) $\lim\limits_{x\to 0}\dfrac{e^x-e^{-x}}{\sin x}$;

(2) $\lim\limits_{x\to\frac{\pi}{2}}\dfrac{\ln\sin x}{(\pi-2x)^2}$;

(3) $\lim\limits_{x\to 0^+}\dfrac{\ln\tan 7x}{\ln\tan 2x}$;

(4) $\lim\limits_{x\to-1^+}\dfrac{\sqrt{\pi}-\sqrt{\arccos x}}{\sqrt{1+x}}$;

(5) $\lim\limits_{x\to 0}\dfrac{e^x-e^{\sin x}}{x^3}$;

(8) $\lim\limits_{x\to 0^+}\left(\dfrac{1}{x}\right)^{\tan x}$;

(6) $\lim\limits_{x\to 1}(1-x)\tan\dfrac{\pi x}{2}$;

(9) $\lim\limits_{x\to\frac{\pi}{2}^-}(\cos x)^{\frac{\pi}{2}-x}$;

(7) $\lim\limits_{x\to 1}\left(\dfrac{m}{1-x^m}-\dfrac{n}{1-x^n}\right)$;

(10) $\lim\limits_{n\to\infty}\left(\sqrt{n}\sin\dfrac{1}{\sqrt{n}}\right)^n$.

2. 讨论函数 $f(x) = \begin{cases} \left[\dfrac{(1+x)^{\frac{1}{x}}}{e}\right]^{\frac{1}{x}}, & x > 0 \\ e^{-\frac{1}{2}}, & x \leqslant 0 \end{cases}$ 在点 $x=0$ 处的连续性.

3. 设 $f(x)$ 有二阶导数, 当 $x \neq 0$ 时, $f(x) \neq 0$, 且 $\lim\limits_{x \to 0} \dfrac{f(x)}{x} = 0$, $f''(0) = 4$, 求 $\lim\limits_{x \to 0} \left(1 + \dfrac{f(x)}{x}\right)^{\frac{1}{x}}$.

3.3

1. 求函数 $f(x) = \sqrt{x}$ 按 $(x-4)$ 的幂展开的带有拉格朗日余项的 3 阶泰勒公式.

2. 求函数 $f(x) = \ln x$ 按 $(x-2)$ 的幂展开的带有皮亚诺余项的 n 阶泰勒公式.

3. 求函数 $f(x) = \tan x$ 的带有皮亚诺余项的 3 阶麦克劳林公式.

5. 利用泰勒公式计算下列极限.

(1) $\lim\limits_{x \to 0} \dfrac{\cos x - \mathrm{e}^{-\frac{x^2}{2}}}{x^2 \left[x + \ln(1-x)\right]}$;

(2) $\lim\limits_{x \to \infty} \left[x - x^2 \ln\left(1 + \dfrac{1}{x}\right)\right]$.

4. 求函数 $f(x) = x\mathrm{e}^{1-x}$ 的带有拉格朗日余项的 n 阶麦克劳林公式.

6. 确定常数 a, b, 使 $x - (a + b\cos x)\sin x$ 当 $x \to 0$ 时为 x 的 5 阶无穷小.

7. 设 $f(x)$ 在闭区间 $[a,b]$ 上有二阶导数，且 $f'(a)=-f'(b)$，证明：在开区间 (a,b) 内至少存在一点 ξ，使 $|f''(\xi)| \geqslant 4\dfrac{|f(b)-f(a)|}{(b-a)^2}$.

2. 设 $f''(x) > 0$，$f(0) < 0$，试证：函数 $g(x) = \dfrac{f(x)}{x}$ 分别在区间 $(-\infty, 0)$ 和 $(0, +\infty)$ 内单调递增.

3.4

1. 确定下列函数的单调区间.

(1) $y = x - e^x$；

(2) $y = (x-1)(x+1)^3$.

3. 证明下列不等式.

(1) 当 $x > 0$ 时，$1 + x\ln(x + \sqrt{1+x^2}) > \sqrt{1+x^2}$；

(2) 当 $0 < x < \dfrac{\pi}{2}$ 时，$\tan x > x + \dfrac{1}{3}x^3$；

(3) 当 $\alpha > \beta > e$ 时，$\beta^\alpha > \alpha^\beta$.

4. 讨论方程 $\ln x = ax$（其中 $a > 0$）有几个实根？

5. 求下列曲线的凸凹区间及拐点.

(1) $y = x^3 - 5x^2 + 3x + 5$；

(2) $y = \ln(1 + x^2)$；

$(3)y=\begin{cases}\ln x-x,x\geqslant 1\\ x^2-2x,x<1\end{cases};$

$(4)\begin{cases}x=t^2\\ y=3t+t^3\end{cases}(t>0).$

6. 问 a,b 为何值时,点 $(1,3)$ 为曲线 $y=ax^3+bx^2$ 的拐点?

3.5

1. 确定下列函数的极值.

$(1)y=2x^3-6x^2-18x+7;$

$(2)y=3-2(x+1)^{\frac{1}{3}}.$

2. 求下列函数的最大值和最小值.

$(1)y=2x^3-3x^2,-1\leqslant x\leqslant 4;$

$(2)y=x\ln x,0<x\leqslant e.$

3. 求函数 $f(x) = \arctan \dfrac{1-x}{1+x}$ 在区间 $(0,1]$ 上的值域.

4. 证明下列不等式.

(1) 当 $0 \leqslant x \leqslant 1$ 时，$2^{1-p} \leqslant x^p + (1-x)^p \leqslant 1 (p > 1)$；

(2) 当 $x < 1$ 时，$\mathrm{e}^x \leqslant \dfrac{1}{1-x}$.

5. 要造一圆柱形油罐，体积为 V，问底半径 r 和高 h 各等于多少时，才能使表面积最小？这时底直径与高的比是多少？

3.6

1. 求下列曲线的渐近线.

(1) $y = \dfrac{x^2}{4-x^2}$；

(2) $y = (x-1)\mathrm{e}^{\frac{\pi}{2}+\arctan x}$.

2. 描绘下列函数的图形.

(1) $y = e^{-\frac{1}{x}}$;

3. 7

1. 求抛物线 $y = x^2 - 4x + 3$ 在其顶点处的曲率及曲率半径.

2. 求曲线 $x^2 + xy + y^2 = 3$ 在点 $(1,1)$ 处的曲率及曲率半径.

(2) $y = \dfrac{(x+1)^3}{(x-1)^2}$.

3. 求曲线 $\begin{cases} x = 3t^2 \\ y = 3t - t^3 \end{cases}$ 在 $t = 1$ 对应的点处的曲率及曲率半径.

4.对数曲线 $y = \ln x$ 上哪一点处的曲率半径最小？求出该点处的曲率半径.

5.求曲线 $y = \tan x$ 在点 $\left(\dfrac{\pi}{4}, 1\right)$ 处的曲率圆方程.

总 习 题 三

1.设 $f'(x_0) = f''(x_0) = 0, f'''(x_0) > 0$, 则(　　).

(A) $f'(x_0)$ 是 $f'(x)$ 的极大值

(B) $f(x_0)$ 是 $f(x)$ 的极大值

(C) $f(x_0)$ 是 $f(x)$ 的极小值

(D) $(x_0, f(x_0))$ 是曲线 $y = f(x)$ 的拐点

2.设 $\lim\limits_{x \to \infty} f'(x) = k$, 求 $\lim\limits_{x \to \infty} [f(x+a) - f(x)]$.

3. 设 $f''(x) < 0$, $f(0) = 0$, 证明: 对任何 $x_1, x_2 > 0$, 都有 $f(x_1 + x_2) < f(x_1) + f(x_2)$.

5. (达布定理) 设 $f(x)$ 在开区间 (a, b) 内可导, $x_1, x_2 \in (a, b)$. 若 $f'(x_1)f'(x_2) < 0$, 证明: 至少存在一点 $\xi \in (x_1, x_2)$, 使得 $f'(\xi) = 0$. 你能将这一定理做简单的推广吗?

4. 设 $f(x)$ 在闭区间 $[0, 1]$ 上连续, 在开区间 $(0, 1)$ 内可导, 且 $f(0) = f(1) = 0$, $f\left(\dfrac{1}{2}\right) = 1$, 证明: 在开区间 $(0, 1)$ 内存在两个不同的点 ξ, η, 使得 $f'(\xi) = -1$, $f'(\eta) = 1$.

6. 已知 $\lim\limits_{x \to 1} \dfrac{\sqrt{x^4 + 3} - [A + B(x - 1) + C(x - 1)^2]}{(x - 1)^2} = 0$, 求常数 A, B, C.

7. 设 $f(x)$ 在 $x=0$ 的某邻域内有连续的二阶导数，且 $f(0)f'(0)f''(0) \neq 0$. 证明：存在唯一的一组实数 $\lambda_1, \lambda_2, \lambda_3$，使得 $\lambda_1 f(h) + \lambda_2 f(2h) + \lambda_3 f(3h) - f(0) = o(h^2)$.

9. 设 $a > 1$, $f(x) = a^x - ax$ 在区间 $(-\infty, +\infty)$ 内的驻点为 $x(a)$. 问 a 为何值时，$x(a)$ 最小？并求出最小值.

8. 设 $f(x)$ 在闭区间 $[-1, 1]$ 上有连续的二阶导数，且 $f(-1) = 1$, $f(0) = 0$, $f(1) = 3$, 证明：在开区间 $(-1, 1)$ 内至少存在一点 ξ，使得 $f''(\xi) = 4$.

10. 设函数 $y = y(x)$ 由方程 $2y^3 - 2y^2 + 2xy - x^2 = 1$ 所确定，试求 $y = y(x)$ 的驻点，并判断它是否为极值点.

$(4) \displaystyle\int \frac{2 \cdot 3^x - 5 \cdot 2^x}{3^x} \mathrm{d}x$；

第四章　不定积分

习　题　四

$(5) \displaystyle\int \cot^2 x \, \mathrm{d}x$；

4. 1

1. 求下列不定积分.

$(1) \displaystyle\int x^2 \sqrt[3]{x} \, \mathrm{d}x$；

$(6) \displaystyle\int \frac{1 + \cos^2 x}{1 + \cos 2x} \mathrm{d}x$；

$(2) \displaystyle\int \frac{(1-x)^2}{\sqrt{x}} \mathrm{d}x$；

$(7) \displaystyle\int \frac{\sqrt{1+x^2}}{\sqrt{1-x^4}} \mathrm{d}x$；

$(8) \displaystyle\int \frac{3x^4 + 2x^2}{x^2 + 1} \mathrm{d}x.$

$(3) \displaystyle\int \left(2\mathrm{e}^x + \frac{3}{x}\right) \mathrm{d}x$；

2. 一曲线通过点 $(e^2, 3)$，且在任一点处的切线的斜率等于该点横坐标的倒数，求该曲线的方程.

3. 一物体由静止开始运动，经过 t s 后的速度是 $3t^2$ m/s，问：

(1) 在 3 s 后物体离开出发点的距离是多少？

(2) 物体走完 360 m 需要多长时间？

4. 证明：函数 $\arcsin(2x-1)$，$\arccos(1-2x)$ 和 $2\arctan\sqrt{\dfrac{x}{1-x}}$ 都是 $\dfrac{1}{\sqrt{x-x^2}}$ 的原函数.

4.2

1. 用第一类换元积分法计算下列不定积分.

(1) $\displaystyle\int \frac{\mathrm{d}x}{1-2x}$；

(2) $\displaystyle\int (3x+2)^{100}\,\mathrm{d}x$；

(3) $\int x\mathrm{e}^{-x^2}\mathrm{d}x$;

(7) $\int \dfrac{3^x}{1+9^x}\mathrm{d}x$;

(4) $\int \dfrac{\sin \lg x}{x}\mathrm{d}x$;

(8) $\int \dfrac{\sin x+\cos x}{\sqrt[3]{\sin x-\cos x}}\mathrm{d}x$;

(5) $\int \sqrt{\dfrac{\arcsin x}{1-x^2}}\,\mathrm{d}x$;

(9) $\int \dfrac{1+\sin 3x}{\cos^2 3x}\mathrm{d}x$;

(6) $\int \dfrac{\sqrt{x}}{\sqrt{a^3-x^3}}\mathrm{d}x\,(a>0)$;

(10) $\int \dfrac{\mathrm{d}x}{x\ln x\ln \ln x}$;

(11) $\int \dfrac{\ln \tan x}{\cos x \sin x} \mathrm{d}x$;

(15) $\int \tan^3 x \sec x \mathrm{d}x$;

(12) $\int \tan^3 \dfrac{x}{3} \sec^2 \dfrac{x}{3} \mathrm{d}x$;

(16) $\int \dfrac{\sin 2x}{\sqrt{1-\cos^4 x}} \mathrm{d}x$;

(13) $\int \cos x \cos \dfrac{x}{2} \mathrm{d}x$;

(17) $\int \dfrac{1}{1+\sin x} \mathrm{d}x$;

(14) $\int \sec^4 x \mathrm{d}x$;

(18) $\int \dfrac{x-1}{x^2+2x+3} \mathrm{d}x$.

2.用第二类换元积分法计算下列不定积分.

(1) $\displaystyle\int \frac{\mathrm{d}x}{1+\sqrt{2x}}$;

(2) $\displaystyle\int \frac{\mathrm{d}x}{\sqrt{1+\mathrm{e}^x}}$;

(3) $\displaystyle\int \frac{x^2}{\sqrt{a^2-x^2}}\mathrm{d}x (a>0)$;

(4) $\displaystyle\int \frac{\sqrt{x^2+a^2}}{x^2}\mathrm{d}x (a>0)$;

(5) $\displaystyle\int \frac{\sqrt{x^2-9}}{x}\mathrm{d}x$;

(6) $\displaystyle\int \frac{\mathrm{d}x}{x+\sqrt{1-x^2}}$;

(7) $\displaystyle\int \frac{1}{1+\sqrt{x^2+2x+2}}\mathrm{d}x$.

(3) $\displaystyle\int \arctan x\,\mathrm{d}x$；

4.3

1.用分部积分法计算下列不定积分.

(1) $\displaystyle\int x\sin x\,\mathrm{d}x$；

(4) $\displaystyle\int x\ln(x-1)\mathrm{d}x$；

(2) $\displaystyle\int x\mathrm{e}^{-x}\mathrm{d}x$；

(5) $\displaystyle\int \ln^2 x\,\mathrm{d}x$；

(6) $\int \dfrac{\arcsin x}{\sqrt{1+x}}\mathrm{d}x$;

(9) $\int x^2 \cos^2 \dfrac{x}{2}\mathrm{d}x$;

(7) $\int \dfrac{x}{\sin^2 x}\mathrm{d}x$;

(10) $\int \mathrm{e}^{\sqrt[3]{x}}\mathrm{d}x$;

(8) $\int \mathrm{e}^{-2x}\sin \dfrac{x}{2}\mathrm{d}x$;

(11) $\int \cos \ln x\mathrm{d}x$.

2. 已知 $(1 + \sin x)\ln x$ 是 $f(x)$ 的一个原函数，求 $\int x f'(x)\mathrm{d}x$.

3. 当 $x \geqslant 0$ 时，$F(x)$ 是 $f(x)$ 的一个原函数，已知 $f(x)F(x) = \sin^2 2x$，且 $F(0) = 1, F(x) \geqslant 0$，求 $f(x)$.

4.4

1. 计算下列有理函数的不定积分.

(1) $\int \dfrac{x^3}{x+3}\mathrm{d}x$；

(2) $\int \dfrac{x^2+1}{(x+1)^2(x-1)}\mathrm{d}x$；

(3) $\int \dfrac{\mathrm{d}x}{x^4-1}$；

(4) $\int \dfrac{-x^2-2}{(x^2+x+1)^2}\mathrm{d}x$.

2.计算下列三角函数有理式的不定积分.

(1) $\int \dfrac{\mathrm{d}x}{3+\cos x}$;

(2) $\int \dfrac{\mathrm{d}x}{2\sin x-\cos x+5}$.

3.计算下列无理函数的不定积分.

(1) $\int \dfrac{x^{\frac{1}{3}}}{x^{\frac{3}{2}}+x^{\frac{4}{3}}}\mathrm{d}x$;

(2) $\int \sqrt{\dfrac{1-x}{1+x}}\,\dfrac{\mathrm{d}x}{x}$.

总 习 题 四

1.在下列等式中,正确的结果是(　　).

(A) $\int f'(x)\mathrm{d}x=f(x)$

(B) $\int \mathrm{d}f(x)=f(x)$

(C) $\dfrac{\mathrm{d}}{\mathrm{d}x}\int f(x)\mathrm{d}x=f(x)$

(D) $\mathrm{d}\int f(x)\mathrm{d}x=f(x)$

2.计算下列不定积分.

(1) $\int \dfrac{\cos\sqrt{x}-1}{\sqrt{x}\,\sin^2\sqrt{x}}\mathrm{d}x$;

$(2) \displaystyle\int \frac{x\ln x}{(1+x^2)^2}\mathrm{d}x$；

$(5) \displaystyle\int \frac{x^3\arccos x}{\sqrt{1-x^2}}\mathrm{d}x.$

$(3) \displaystyle\int \sqrt{x}\sin\sqrt{x}\,\mathrm{d}x$；

3. 设 n 为正整数，证明：递推公式 $\displaystyle\int \sec^n x\,\mathrm{d}x = \frac{1}{n-1} \cdot$

$\tan x\sec^{n-2}x + \dfrac{n-2}{n-1}\displaystyle\int \sec^{n-2}x\,\mathrm{d}x\,(n\geqslant 2).$

$(4) \displaystyle\int \frac{\ln x-1}{\ln^2 x}\mathrm{d}x$；

$(2) \int_{-1}^{3} \dfrac{1}{5}\big[4f(x)+3g(x)\big]\mathrm{d}x.$

第五章　定　积　分

习　题　五

5.1

1. 写出下列定积分的定义式.

$(1) \int_{0}^{1} \dfrac{\mathrm{d}x}{1+x^{2}}$；

$(2) \int_{0}^{\pi} \sin x\mathrm{d}x.$

2. 设 $\int_{-1}^{1} 3f(x)\mathrm{d}x = 18, \int_{-1}^{3} f(x)\mathrm{d}x = 4, \int_{-1}^{3} g(x)\mathrm{d}x = 3$，求：

$(1) \int_{1}^{3} f(x)\mathrm{d}x$；

3. 说明下列各对积分中哪一个的值较大.

$(1) \int_{0}^{1} x^{2}\mathrm{d}x$ 还是 $\int_{0}^{1} x^{3}\mathrm{d}x$？

$(2) \int_{0}^{1} x\mathrm{d}x$ 还是 $\int_{0}^{1} \ln(1+x)\mathrm{d}x$？

$(3) \int_{0}^{\pi} \sin x\mathrm{d}x$ 还是 $\int_{0}^{2\pi} \sin x\mathrm{d}x$？

4. 设 $f(x)$ 连续，且极限 $\lim\limits_{x \to +\infty} f(x)$ 存在，试证：

$$\lim_{h \to +\infty} \int_h^{h+a} \frac{f(x)}{x} dx = 0.$$

5. 设 $f(x)$ 在闭区间 $[0,1]$ 上可导，且满足条件 $f(1) = 2\int_0^{\frac{1}{2}} x f(x) dx$，试证：存在 $\xi \in (0,1)$，使得 $f(\xi) + \xi f'(\xi) = 0$.

5.2

1.计算下列导数.

(1) $\dfrac{\mathrm{d}}{\mathrm{d}x} \displaystyle\int_x^0 \sqrt{1+t^4} \, \mathrm{d}t$；

(2) $\dfrac{\mathrm{d}}{\mathrm{d}x} \displaystyle\int_{\sin x}^{\cos x} \cos(\pi t^2) \, \mathrm{d}t.$

2.求由参数方程 $\begin{cases} x = \displaystyle\int_0^{t^2} u \ln u \, \mathrm{d}u \\ y = \displaystyle\int_{t^2}^1 u^2 \ln u \, \mathrm{d}u \end{cases}$ 所确定的函数对 x 的导数 $\dfrac{\mathrm{d}y}{\mathrm{d}x}.$

3. 求由 $\displaystyle\int_0^y e^{t^2}\,\mathrm{d}t + \int_0^x \cos t\,\mathrm{d}t = 0$ 所确定的隐函数对 x 的导数 $\dfrac{\mathrm{d}y}{\mathrm{d}x}$.

4. 设 $f(x)$ 连续，且 $\displaystyle\int_0^x f(t)\,\mathrm{d}t = x^2(1+x)$，求 $f(x)$.

5. 求下列极限.

(1) $\displaystyle\lim_{x \to 0} \frac{\displaystyle\int_0^x \cos t^2\,\mathrm{d}t}{x}$;

(2) $\displaystyle\lim_{x \to 0^+} \frac{\displaystyle\int_0^{\sin x} \sqrt{\tan t}\,\mathrm{d}t}{\displaystyle\int_0^{\tan x} \sqrt{\sin t}\,\mathrm{d}t}$;

(3) $\displaystyle\lim_{x \to a} \frac{\displaystyle\int_a^x x^2 f(t)\,\mathrm{d}t}{x - a}$，其中 $f(x)$ 连续.

6. 计算下列定积分.

(1) $\displaystyle\int_0^3 2x\,\mathrm{d}x$;

(2) $\int_0^{\frac{\pi}{2}} \cos x \, \mathrm{d}x$;

(5) $\int_1^2 \dfrac{\mathrm{d}x}{x + x^3}$;

(3) $\int_0^1 \dfrac{\mathrm{d}x}{\sqrt{4 - x^2}}$;

(6) $\int_0^1 x \mid x - a \mid \mathrm{d}x (a > 0)$;

(4) $\int_0^{\frac{\pi}{4}} \tan^2 \theta \, \mathrm{d}\theta$;

(7) $\int_0^2 f(x) \, \mathrm{d}x$, 其中 $f(x) = \begin{cases} x + 1, & x \leqslant 1 \\ \dfrac{1}{2} x^2, & x > 1 \end{cases}$.

7. 设 $f(x) = \begin{cases} \dfrac{1}{2}\sin x, 0 \leqslant x \leqslant \pi \\ 0, x < 0 \text{ 或 } x > \pi \end{cases}$，求 $\Phi(x) = \displaystyle\int_0^x f(t)\mathrm{d}t$ 在区间 $(-\infty, +\infty)$ 内的表达式.

8. 利用定积分的定义计算下列极限.

(1) $\displaystyle\lim_{n \to \infty} \frac{1}{n\sqrt{n}}(\sqrt{1} + \sqrt{2} + \cdots + \sqrt{n})$;

(2) $\displaystyle\lim_{n \to \infty} \frac{1}{n}\left[\sin a + \sin\left(a + \frac{b}{n}\right) + \cdots + \sin\left(a + \frac{(n-1)b}{n}\right)\right]$ $(b \neq 0)$.

9. 设 $f(x)$ 在闭区间 $[0,1]$ 上连续，且 $f(x) = 3x - \sqrt{1-x^2} \cdot \displaystyle\int_0^1 f^2(x)\mathrm{d}x$，求 $f(x)$.

5.3

1. 计算下列定积分.

(1) $\displaystyle\int_{-1}^{1} \frac{x}{\sqrt{5-4x}}\mathrm{d}x$;

(2) $\displaystyle\int_{0}^{\ln 2} \sqrt{\mathrm{e}^x - 1}\,\mathrm{d}x$;

(3) $\displaystyle\int_{\frac{1}{\sqrt{2}}}^{1} \frac{\sqrt{1-x^2}}{x^2}\mathrm{d}x$;

(4) $\displaystyle\int_{1}^{\sqrt{3}} \frac{\mathrm{d}x}{x^2\sqrt{1+x^2}}$.

2. 证明积分等式.

(1) $\displaystyle\int_{x}^{1} \frac{\mathrm{d}t}{1+t^2} = \int_{1}^{\frac{1}{x}} \frac{\mathrm{d}t}{1+t^2}\ (x > 0)$;

(2) $\displaystyle\int_{0}^{a} x^3 f(x^2)\mathrm{d}x = \frac{1}{2}\int_{0}^{a^2} x f(x)\mathrm{d}x\ (a > 0, f(x)\ \text{连续})$;

(3) $\int_0^a f(x)\mathrm{d}x = \int_0^a f(a - x)\mathrm{d}x(f(x)$ 连续），并求

$\int_0^{\frac{\pi}{2}} \dfrac{\sin^2 x}{\sin x + \cos x}\mathrm{d}x.$

3. 若 $f(t)$ 是连续的奇函数，证明：$\int_0^x f(t)\mathrm{d}t$ 是偶函数；若

$f(t)$ 是连续的偶函数，证明：$\int_0^x f(t)\mathrm{d}t$ 是奇函数.

4. 计算下列定积分.

(1) $\int_0^1 x\arctan x\,\mathrm{d}x$；

(2) $\int_1^4 \dfrac{\ln x}{\sqrt{x}}\mathrm{d}x$；

(3) $\displaystyle\int_0^\pi (x\sin x)^2 \mathrm{d}x$；

(4) $\displaystyle\int_0^{\frac{\pi}{2}} \mathrm{e}^{2x}\cos x\,\mathrm{d}x$；

(5) $\displaystyle\int_{\frac{1}{\mathrm{e}}}^{\mathrm{e}} |\ln x|\,\mathrm{d}x$.

5.计算下列定积分.

(1) $\displaystyle\int_{-5}^5 \frac{x^3 \sin^2 x}{x^4 + 2x^2 + 1}\mathrm{d}x$；

(2) $\displaystyle\int_{-\frac{\pi}{2}}^{\frac{\pi}{2}} \frac{1+x}{1+\cos x}\mathrm{d}x$；

(3) $\displaystyle\int_{-2}^3 (|x|+x)\mathrm{e}^{|x|}\mathrm{d}x$；

(4) $\int_{100}^{100+2\pi} \sin^4 x \mathrm{d}x.$

(3) $\int_0^1 \dfrac{x}{\sqrt{1-x^2}} \mathrm{d}x;$

5.4

1. 判定下列反常积分的收敛性,如果收敛,计算反常积分的值.

(1) $\int_1^{+\infty} \dfrac{\mathrm{d}x}{x^4};$

(4) $\int_0^1 \dfrac{\mathrm{d}x}{(1-x)^2}.$

(2) $\int_{-\infty}^{+\infty} \dfrac{\mathrm{d}x}{x^2+2x+2};$

2. 计算反常积分 $\int_0^1 \ln x \mathrm{d}x.$

总 习 题 五

1.设 $I = \int_0^1 \frac{x^4}{\sqrt{1+x}} dx$，则估计 I 值的大致范围为( )．

(A) $0 \leqslant I \leqslant \frac{\sqrt{2}}{10}$

(B) $\frac{\sqrt{2}}{10} \leqslant I \leqslant \frac{1}{5}$

(C) $\frac{1}{5} < I < 1$

(D) $I \geqslant 1$

2.设 $f(x)$ 可导，且 $f(0) = 0$，$F(x) = \int_0^x t^{n-1} f(x^n - t^n) dt$，求 $\lim\limits_{x \to 0} \frac{F(x)}{x^{2n}}$．

3.求极限.

(1) $\lim\limits_{n \to \infty} \left[\frac{(2n)!}{n! \; n^n} \right]^{\frac{1}{n}}$；

(2) $\lim\limits_{n \to \infty} \left[\frac{\sin \frac{\pi}{n}}{n+1} + \frac{\sin \frac{2\pi}{n}}{n+\frac{1}{2}} + \cdots + \frac{\sin \pi}{n+\frac{1}{n}} \right]$．

4. 计算下列积分.

(1) $\int_{-2}^{2} \max\{1, x^2\} \mathrm{d}x$;

(2) $\int_{0}^{+\infty} \dfrac{\mathrm{d}x}{\mathrm{e}^{x+1} + \mathrm{e}^{3-x}}$;

(3) $\int_{0}^{\pi} x^2 |\cos x| \mathrm{d}x$;

(4) $\int_{0}^{a} \dfrac{\mathrm{d}x}{x + \sqrt{a^2 - x^2}} (a > 0)$;

(5) $\int_{\frac{1}{2}}^{\frac{3}{2}} \dfrac{\mathrm{d}x}{\sqrt{|x^2 - x|}}$.

5.(积分第一中值定理)设 $f(x)$ 在区间 $[a,b]$ 上连续,$g(x)$ 在区间 $[a,b]$ 上连续且不变号,证明:至少存在一点 $\xi \in [a,b]$,使得 $\int_a^b f(x)g(x)\mathrm{d}x = f(\xi)\int_a^b g(x)\mathrm{d}x$.

7.设 $f(x)$ 在区间 $[a,b]$ 上有连续的导数,且 $f(a) = f(b) = 0$,证明:$\left| \int_a^b f(x)\mathrm{d}x \right| \leqslant \dfrac{(b-a)^2}{4} \max_{a \leqslant x \leqslant b} |f'(x)|$.

6.设 $f(x)$ 和 $g(x)$ 在区间 $[a,b]$ 上有连续的导数,且 $g(x) \neq 0$,证明:存在 $\xi \in (a,b)$,使得 $\dfrac{\int_a^b f(x)\mathrm{d}x}{\int_a^b g(x)\mathrm{d}x} = \dfrac{f(\xi)}{g(\xi)}$.

8.设 $f(x)$ 在区间 $[a,b]$ 上可积,证明:函数 $\Phi(x) = \int_a^x f(t)\mathrm{d}t$ 在 $[a,b]$ 上连续.

第六章　　定积分的应用

习　题　六

6.1

1. 求由下列各组曲线所围成的图形的面积.

(1) $y = \dfrac{1}{x}$ 与直线 $y = x$ 及 $x = 2$;

(2) $x = y^2 - 2$, $y = \ln x$ 与直线 $y = -1$ 及 $y = 1$;

(3) 箕舌线 $y = \dfrac{a^3}{x^2 + a^2}(a > 0)$ 与 x 轴;

(4) 摆线 $x = a(t - \sin t)$, $y = a(1 - \cos t)$ 的一拱($0 \leqslant t \leqslant \pi$) 与 x 轴;

(5) 极坐标曲线 $r = 3\cos \theta$ 与 $r = 1 + \cos \theta$(公共部分).

2. 已知抛物线 $y = px^2 + qx$ (其中 $p < 0, q > 0$) 在第一象限内与直线 $x + y = 5$ 相切, 且此抛物线与 x 轴所围成的图形的面积为 A. 问 p 和 q 为何值时, A 达到最大值, 并求出此最大值.

3. 求下列已知曲线所围成的图形按指定的轴旋转所产生的旋转体的体积.

(1) $y = e^x, y = 0, x = 0, x = 1$, 绕 x 轴;

(2) $x = y - y^2, x = 0$, 绕 y 轴;

(3) $y^2 = x, x = 2y$, 绕 y 轴;

(4) $y = x^2, x = y^2$, 绕直线 $x = -1$;

(5) 摆线 $x = a(t - \sin t), y = a(1 - \cos t)$ 的一拱 $(0 \leqslant t \leqslant 2\pi), y = 0$, 绕直线 $y = 2a$.

4. 将椭圆 $x^2 + \dfrac{y^2}{4} = 1$ 绕长轴旋转得到的椭球体沿长轴方向穿心打一圆孔,使剩下的部分的体积恰好等于椭球体体积的一半,试求圆孔的直径.

5. 计算曲线 $y = \ln x$ 上相应于 $\sqrt{3} \leqslant x \leqslant \sqrt{8}$ 的一段弧的长度.

6. 计算星形线 $x = a \cos^3 t , y = a \sin^3 t$ 的全长.

7. 求心形线 $r = a(1 + \cos \theta)$ 的全长.

6.3

1. 一物体按规律 $x = ct^3$ 做直线运动,介质的阻力与速度的平方成正比,计算物体由 $x = 0$ 移至 $x = a$ 时,克服介质阻力所做的功.

2. 设一圆锥形贮水池, 深 15 m, 口径 20 m, 盛满水, 今以泵将水吸尽, 问要做多少功?

3. 一底为 8 cm、高为 6 cm 的等腰三角形片, 铅直地沉没在水中, 顶在上, 底在下且与水平面平行, 而顶离水面 3 cm, 试求它每面所受的压力.

4. 设有一半径为 R、中心角为 φ 的圆弧形细棒, 其线密度为常数 μ. 在圆心处有一质量为 m 的质点 M. 试求这根细棒对质点 M 的引力.

总习题六

1. 求曲线 $|\ln x| + |\ln y| = 1$ 所围图形的面积.

2. 在曲线 $y = x^2 (x \geqslant 0)$ 上某点 A 处作一切线, 使之与曲线及 x 轴所围成图形的面积为 $\dfrac{1}{12}$, 试求:

(1) 切点 A 的坐标;

（2）过切点 A 的切线方程；

3. 设 D 是位于曲线 $y = \sqrt{x}\, a^{-\frac{x}{2a}}(a > 1, 0 \leqslant x < +\infty)$ 下方，x 轴上方的无界区域.

（1）求区域 D 绕 x 轴旋转一周所围成旋转体的体积 $V(a)$；

（3）由上述平面图形绕 x 轴旋转一周所围成旋转体的体积.

（2）当 a 为何值时，$V(a)$ 最小？并求此最小值.

4. 一个均匀的物体,高 4 m,水平截面面积是高度 h(从底部算起)的函数 $S = 20 + 3h^2$. 已知物体的密度与水的密度同为 10^3 kg/m³,此物体沉在水中,上表面与水面平齐,问将此物体水平打捞出水,需做多少功(设重力加速度 $g = 10$ m/s²)?

5. 某建筑工程打地基时,需用汽锤将桩打进土层. 汽锤每次击打,都要克服土层对桩的阻力做功. 设土层对桩的阻力的大小与桩被打进地下的深度成正比(比例系数为 $k, k > 0$). 汽锤第一次击打将桩打进地下 a m. 根据设计方案,要求汽锤每次击打桩时所做的功与前一次击打时所做的功之比为常数 $r(0 < r < 1)$. 问:

(1) 汽锤击打桩 3 次后,可将桩打进地下多深?

(2) 若击打次数不限,则汽锤至多能将桩打进地下多深?

第七章　微分方程

习　题　七

7.1

1. 求下列函数所满足的微分方程.

(1) $y = Cx + C^2$；

(2) $xy = C_1 e^x + C_2 e^{-x}$.

2. 给定一阶微分方程 $\dfrac{\mathrm{d}y}{\mathrm{d}x} = 2x$，求：(1) 通解；(2) 满足初值条件 $y\big|_{x=1} = 4$ 的特解；(3) 与直线 $y = 2x + 3$ 相切的积分曲线；(4) 使 $\displaystyle\int_0^1 y\,\mathrm{d}x = 2$ 的解.

7.2

1. 求下列微分方程的通解.

(1) $\sqrt{1-x^2}\, y' = \sqrt{1-y^2}$；

$(2)(y+1)^2\dfrac{\mathrm{d}y}{\mathrm{d}x}+x^3=0$;

$(3)(\mathrm{e}^{x+y}-\mathrm{e}^x)\mathrm{d}x+(\mathrm{e}^{x+y}+\mathrm{e}^y)\mathrm{d}y=0.$

2.求下列微分方程满足所给初值条件的特解.

$(1)y'=\mathrm{e}^{2x-y},y\big|_{x=0}=0$;

$(2)\cos y\mathrm{d}x+(1+\mathrm{e}^{-x})\sin y\mathrm{d}y=0,y\big|_{x=0}=\dfrac{\pi}{4}.$

3.一曲线通过点$(2,3)$,它在两坐标轴间的任一切线线段均被切点所平分,求该曲线方程.

7.3

1.求下列齐次方程的通解.

$(1) xy' - y - \sqrt{y^2 - x^2} = 0$;

4.某湖泊的水量为V,每年流入湖泊的含污染物A的污水量为$\dfrac{V}{6}$,不含A的水流入量为$\dfrac{V}{6}$,水的流出量为$\dfrac{V}{3}$,已知2017年底湖中A的含量为$5m_0$,超过国家标准,为治理污染,从2018年起,限定排入湖中的水含A的浓度不超过$\dfrac{m_0}{V}$,问至少需要多少年湖中A的含量可降至m_0以内?（湖中A的浓度均匀）

$(2) \left(2x\sin\dfrac{y}{x} + 3y\cos\dfrac{y}{x}\right)\mathrm{d}x - 3x\cos\dfrac{y}{x}\mathrm{d}y = 0.$

2.求下列齐次方程满足所给初值条件的特解.

$(1)(y^2-3x^2)\mathrm{d}y+2xy\mathrm{d}x=0,y|_{x=0}=1;$

$(2)y'=\dfrac{x}{y}+\dfrac{y}{x},y|_{x=1}=2.$

7.4

1.求下列微分方程的通解.

$(1)\dfrac{\mathrm{d}y}{\mathrm{d}x}+y=\mathrm{e}^{-x};$

$(2)(x^2-1)y'+2xy-\cos x=0;$

$(3)y\ln y\mathrm{d}x+(x-\ln y)\mathrm{d}y=0.$

2. 求下列微分方程满足所给初值条件的特解.

(1) $\dfrac{\mathrm{d}y}{\mathrm{d}x} + 3y = 8, y\Big|_{x=0} = 2$;

(2) $\dfrac{\mathrm{d}y}{\mathrm{d}x} - y\tan x = \sec x, y\Big|_{x=0} = 0$.

3. 求解积分方程 $\displaystyle\int_0^x xy\,\mathrm{d}x = x^2 + y$.

4. 设有一质量为 m 的质点做直线运动. 从速度等于零的时刻起, 有一个与运动方向一致、大小与时间成正比(比例系数为 k_1)的力作用于它, 此外还受一与速度成正比(比例系数为 k_2)的阻力作用. 求质点运动的速度与时间的函数关系.

5. 用适当的变量代换将下列方程化为可分离变量的方程, 然后求出通解.

(1) $y' = (x + y)^2$;

(2) $\dfrac{\mathrm{d}y}{\mathrm{d}x} = \dfrac{y}{2x} + \dfrac{1}{2y}\tan\dfrac{y^2}{x}$;

(3)$y(xy+1)dx+x(1+xy+x^2y^2)dy=0.$

6.求下列伯努利方程的通解.

(1)$\dfrac{dy}{dx}+y=y^2(\cos x-\sin x)$;

(2)$xdy-[y+xy^3(1+\ln x)]dx=0.$

1.求下列微分方程的通解.

(1)$y''=\dfrac{1}{1+x^2}$;

(2)$y''=y'+x$;

(3)$yy''+2(y')^2=0$;

(4) $y'' = (y')^3 + y'$.

2.求下列微分方程满足所给初值条件的特解.

(1) $y'' = 3\sqrt{y}$, $y|_{x=0} = 1$, $y'|_{x=0} = 2$;

(2) $y'' + (y')^2 = 1$, $y|_{x=0} = 0$, $y'|_{x=0} = 0$.

3.已知 $y(x)$ 是具有二阶导数的上凸函数,且曲线 $y = y(x)$ 上任意点 (x,y) 处的曲率为 $\dfrac{1}{\sqrt{1 + (y')^2}}$,曲线上点 $(0,1)$ 处的切线方程为 $y = x + 1$,求该曲线方程,并求函数 $y(x)$ 的极值.

4.敌方导弹 A 沿 y 轴正向以匀速 v 飞行,经过点 $(0,0)$ 时,我方设在点 $(16,0)$ 处的导弹 B 起飞追击,导弹 B 飞行的方向始终指向 A,速度的大小为 $2v$,求导弹 B 的追踪曲线和导弹 A 被击中的点.

7.6

1. 验证 $y_1 = e^{x^2}$ 及 $y_2 = x e^{x^2}$ 都是方程 $y'' - 4xy' + (4x^2 - 2)y = 0$ 的解,并写出该方程的通解.

2. 验证 $y_1 = 3$,$y_2 = 3 + x^2$,$y_3 = 3 + x^2 + e^x$ 都是方程 $(x^2 - 2x)y'' - (x^2 - 2)y' + (2x - 2)y = 6x - 6$ 的解,并写出该方程的通解.

3. 验证:

(1) $y = C_1 e^x + C_2 e^{2x} + \dfrac{1}{12} e^{5x}$($C_1$,$C_2$ 是任意常数)是方程 $y'' - 3y' + 2y = e^{5x}$ 的通解;

(2) $y = C_1 x^5 + \dfrac{C_2}{x} - \dfrac{x^2}{9} \ln x$($C_1$,$C_2$ 是任意常数)是方程 $x^2 y'' - 3xy' - 5y = x^2 \ln x$ 的通解;

(3) $y = C_1 e^x + C_2 e^{-x} + C_3 \cos x + C_4 \sin x - x^2$($C_1$,$C_2$,$C_3$,$C_4$ 是任意常数)是方程 $y^{(4)} - y = x^2$ 的通解.

7.7

1.求下列微分方程的通解.

(1)$y'' - 4y' = 0$;

(2)$y'' + y = 0$;

(3)$y'' - 4y' + 5y = 0$;

(4)$4\dfrac{d^2 x}{dt^2} - 20\dfrac{dx}{dt} + 25x = 0$;

(5)$y^{(4)} + 2y'' + y = 0$.

2.求下列微分方程满足所给初值条件的特解.

(1)$y'' - 4y' + 3y = 0, y|_{x=0} = 6, y'|_{x=0} = 10$;

(2)$y'' + 4y' + 29y = 0, y|_{x=0} = 0, y'|_{x=0} = 15$.

7.8

1.求下列微分方程的通解.

(1)$2y'' + y' - y = 2e^x$;

(2)$2y'' + 5y' = 5x^2 - 2x - 1$;

(3)$y'' - 2y' + 5y = e^x \sin 2x$;

$(4)y'' - 6y' + 9y = (x + 1)e^{3x}$；

$(5)y'' + y = e^x + \cos x$；

$(6)y''' - 2y'' - 4y' + 8y = 16(e^{-2x} + e^{2x})$.

2. 求下列微分方程满足所给初值条件的特解.

$(1)y'' - 3y' + 2y = 5, y\big|_{x=0} = 1, y'\big|_{x=0} = 2$；

$(2)y'' + y + \sin 2x = 0, y\big|_{x=\pi} = 1, y'\big|_{x=\pi} = 1$；

$(3)y'' - y = 4xe^x, y\big|_{x=0} = 0, y'\big|_{x=0} = 1$.

3.一链条悬挂在一钉子上,起动时一端离开钉子 8 m,另一端离开钉子 12 m,分别在以下两种情况下求链条滑下来所需的时间:

（1）若不计钉子对链条所产生的摩擦力；

（2）若摩擦力的大小等于 1 m 长的链条所受重力的大小.

7.9

1.求下列欧拉方程的通解.

（1）$x^2 y'' + 3xy' + y = 0$；

（2）$x^2 y'' - xy' + y = 2x$.

2.求欧拉方程 $x^2 y'' + xy' - y = 2\ln x$ 满足初值条件 $y\mid_{x=1} = 1, y'\mid_{x=1} = 2$ 的特解.

总习题七

1. 已知 $y_1 = xe^x + e^{2x}$，$y_2 = xe^x + e^{-x}$，$y_3 = xe^x + e^{2x} - e^{-x}$ 是某二阶非齐次常系数线性微分方程的三个解，求此方程.

2. 设二阶常系数线性微分方程 $y'' + \alpha y' + \beta y = \gamma e^x$ 的一个特解为 $y = e^{2x} + (1+x)e^x$，试确定常数 α, β, γ，并求出该方程的通解.

3. 求方程 $x^2 y' - \cos 2y = 1$ 满足 $\lim\limits_{x \to +\infty} y(x) = \dfrac{9\pi}{4}$ 的解.

4. 从船上向海中沉放某种探测仪器，按探测要求，需确定仪器的下沉深度 y（从海平面算起）与下沉速度 v 之间的函数关系，设仪器在重力作用下，从海平面由静止开始铅直下沉，在下沉过程中还受到阻力和浮力的作用. 设仪器的质量为 m，体积为 B，海水密度为 ρ，仪器所受阻力与下沉速度成正比，比例系数为 k（$k > 0$）. 试建立 y 与 v 所满足的微分方程，并求出函数关系 $y = y(v)$.

5. 设 $y=f(x)$ 在区间 $[1,+\infty)$ 上有连续的导数，若由曲线 $y=f(x)$，直线 $x=1$，$x=t(t>1)$ 及 x 轴所围平面图形绕 x 轴旋转一周所成旋转体的体积为 $V(t)=\dfrac{\pi}{3}[t^2f(t)-f(1)]$，试求 $y=f(x)$ 所满足的微分方程，并求该微分方程满足条件 $y\big|_{x=2}=\dfrac{2}{9}$ 的解.

6. 设 $f(x)$ 连续，且满足积分方程 $f(x)=\sin x-\displaystyle\int_0^x tf(x-t)\mathrm{d}t$，求 $f(x)$.

7. 利用变换 $t=\tan x$ 将方程
$$\cos^4 x\,\dfrac{\mathrm{d}^2 y}{\mathrm{d}x^2}+2\cos^2 x(1-\sin x\cos x)\dfrac{\mathrm{d}y}{\mathrm{d}x}+y=\tan x$$
化简，并求此方程的通解.

第八章　向量代数与空间解析几何　第九章　多元函数微分法及其应用

略.

习　题　九

9.1

1. 求下列函数的定义域,并指出其中的开区域与闭区域,连通集与非连通集,有界集与无界集.

$$(1)z=\frac{1}{\sqrt{x+y}}+\frac{1}{\sqrt{x-y}};$$

$$(2)z=\ln[x\ln(y-x)];$$

$(3) u = \arccos \dfrac{z}{\sqrt{x^2 + y^2}}.$

$(3) \lim\limits_{(x,y) \to (0,0)} (x + y)\ln(x^2 + y^2).$

2. 若 $f\left(x + y, \dfrac{y}{x}\right) = x^2 - y^2$，求 $f(x, y).$

4. 证明：极限 $\lim\limits_{(x,y) \to (0,0)} \dfrac{x^2 y^2}{x^2 y^2 + (x - y)^2}$ 不存在.

3. 求下列极限.

$(1) \lim\limits_{(x,y) \to (1,0)} \dfrac{\ln(x + \mathrm{e}^y)}{\sqrt{x^2 + y^2}};$

5. 指出下列函数的间断点.

$(1) z = \dfrac{1}{x^2 + y^2};$

$(2) \lim\limits_{(x,y) \to (0,0)} \dfrac{xy}{\sqrt{2 - \mathrm{e}^{xy}} - 1};$

$(2) u = \dfrac{\mathrm{e}^{\frac{1}{z}}}{x - y^2}.$

6. 讨论函数 $f(x,y) = \begin{cases} xy\dfrac{x^2-y^2}{x^2+y^2}, & (x,y) \neq (0,0) \\ 0, & (x,y) = (0,0) \end{cases}$ 在点

$(0,0)$ 处的连续性.

(3) $u = \arctan(x-y)^z$.

2. 设 $f(x,y) = x + (y-1)\arcsin\sqrt{\dfrac{x}{y}}$，求 $f'_x(x,1)$.

9.2

1. 求下列函数的偏导数.

(1) $z = x^2 y + \sin\dfrac{x}{y}$；

3. 设 $f(x,y) = \begin{cases} \dfrac{1}{2xy}\sin(x^2y), & xy \neq 0 \\ 0, & xy = 0 \end{cases}$，求 $f'_x(0,1)$ 及 $f'_y(0,1)$.

(2) $z = (1+xy)^y$；

4. 求函数 $z = x^2 e^{2y}$ 的二阶偏导数.

5. 设 $z = x\ln(xy)$,求 $\dfrac{\partial^3 z}{\partial x^2 \partial y}$ 及 $\dfrac{\partial^3 z}{\partial x \partial y^2}$.

6. 设 $y = e^{-kn^2 t}\sin nx$,求证: $\dfrac{\partial y}{\partial t} = k\dfrac{\partial^2 y}{\partial x^2}$.

7. 设 $f(x,y) = \begin{cases} \dfrac{x^3 y}{x^6 + y^6}, & x^2 + y^2 \neq 0 \\ 0, & x^2 + y^2 = 0 \end{cases}$,试证: $f(x,y)$ 在点

$(0,0)$ 处不连续,但在点 $(0,0)$ 处两个偏导数都存在,且两个偏导数在点 $(0,0)$ 处不连续.

9.3

1.求下列函数的全微分.

$(1)z=\dfrac{y}{\sqrt{x^2+y^2}}$;

$(2)u=x^{yz}$.

2.求函数 $u=\cos(xy+xz)$ 在点 $\left(1,\dfrac{\pi}{6},\dfrac{\pi}{6}\right)$ 处的全微分.

3.当 $x=2,y=1,\Delta x=0.1,\Delta y=-0.2$ 时,求函数 $z=\dfrac{y}{x}$ 的全增量和全微分.

4.证明:函数 $f(x,y)=\sqrt{|xy|}$ 在点 $(0,0)$ 处连续且偏导数存在,但不可微.

5.设函数 $z=f(x,y)$ 在凸区域 D 上,$\dfrac{\partial z}{\partial x}\equiv 0$ 的充要条件是什么?$\dfrac{\partial^2 z}{\partial x\partial y}\equiv 0$ 的充要条件是什么? $\mathrm{d}z\equiv 0$ 的充要条件是什么?(凸区域 D 是指 D 内任意两点间的直线段都位于 D 内的区域)

9.4

1.设 $z=u^2\ln v$,而 $u=\dfrac{x}{y},v=3x-2y$,求 $\dfrac{\partial z}{\partial x},\dfrac{\partial z}{\partial y}$.

2. 设 $z = \tan(3t + 2x^2 - y)$，而 $x = \dfrac{1}{t}$，$y = \sqrt{t}$，求 $\dfrac{\mathrm{d}z}{\mathrm{d}t}$.

5. 设 $z = xy + x\varphi\left(\dfrac{y}{x}\right)$，其中 φ 可导，证明：$x\dfrac{\partial z}{\partial x} + y\dfrac{\partial z}{\partial y} = z + xy$.

3. 设 $u = \dfrac{\mathrm{e}^{ax}(y - z)}{a^2 + 1}$，而 $y = a\sin x$，$z = \cos x$，求 $\dfrac{\mathrm{d}u}{\mathrm{d}x}$.

6. 求下列函数的二阶偏导数（其中 f 具有二阶连续偏导数）.
(1) $z = f(xy, y)$；

4. 求下列函数的一阶偏导数（其中 f 具有一阶连续偏导数）.
(1) $z = f(x + y, x^2 + y^2)$；

(2) $z = f(x\mathrm{e}^x, x, y)$.

(2) $u = f\left(\dfrac{x}{y}, \dfrac{y}{z}\right)$.

7.已知函数 $z=f(x,y)$ 具有二阶连续偏导数,且满足方程 $a^2\dfrac{\partial^2 z}{\partial x^2}-\dfrac{\partial^2 z}{\partial y^2}=0$,作变换,令 $u=x+ay$, $v=x-ay(a\neq 0)$,试求 z 作为 u, v 的函数所应满足的方程.

8.如果函数 $s=f(x,y,z)$ 满足关系 $f(tx,ty,tz)=t^k f(x,y,z)$, $t>0$,则称此函数为 k 次齐次函数. 证明:当 f 可微时, k 次齐次函数满足方程 $x\dfrac{\partial f}{\partial x}+y\dfrac{\partial f}{\partial y}+z\dfrac{\partial f}{\partial z}=kf(x,y,z)$;反之,满足该方程的函数必为 k 次齐次函数.

9.利用微分运算法则,求函数 $z=f\left(xy,\dfrac{x}{y}\right)$ 的全微分和偏导数.

9.5

1.求由方程 $\dfrac{x}{z}=\ln\dfrac{z}{y}$ 所确定的隐函数 $z=z(x,y)$ 的一阶及二阶偏导数.

2.利用微分运算法则,求由方程 $z-y-x+xe^{z-y-x}=0$ 所确定的隐函数 $z=z(x,y)$ 的全微分和偏导数.

3. 设函数 $z = z(x, y)$ 由方程 $F\left(x + \dfrac{z}{y}, y + \dfrac{z}{x}\right) = 0$ 所确定，其中 F 具有连续偏导数，证明：$x \dfrac{\partial z}{\partial x} + y \dfrac{\partial z}{\partial y} = z - xy$.

4. 设函数 $z = z(x, y)$ 由方程 $F(x + y, y - z) = 0$ 所确定，其中 F 具有二阶连续偏导数，求 $\dfrac{\partial^2 z}{\partial x \partial y}$.

5. 求下列方程组所确定的隐函数的导数或偏导数.

(1) 设 $\begin{cases} z = x^2 + y^2 \\ x^2 + 2y^2 + 3z^2 = 20 \end{cases}$，求 $\dfrac{\mathrm{d}y}{\mathrm{d}x}, \dfrac{\mathrm{d}z}{\mathrm{d}x}$；

(2) 设 $\begin{cases} x = \mathrm{e}^u + u \sin v \\ y = \mathrm{e}^u - u \cos v \end{cases}$，求 $\dfrac{\partial u}{\partial x}, \dfrac{\partial u}{\partial y}, \dfrac{\partial v}{\partial x}, \dfrac{\partial v}{\partial y}$.

6.设 $y=f(x,t)$,而 t 是由方程 $F(x,y,t)=0$ 所确定的 x,y 的函数,其中 f,F 均有一阶连续偏导数,求 $\dfrac{\mathrm{d}y}{\mathrm{d}x}$.

9.6

1.求曲线 $x=\dfrac{t}{1+t},y=\dfrac{1+t}{t},z=t^2$ 在对应于 $t=1$ 的点处的切线及法平面方程.

2.求曲线 $\begin{cases} x^2+y^2+z^2-3x=0 \\ 2x-3y+5z-4=0 \end{cases}$ 在点 $(1,1,1)$ 处的切线及法平面方程.

3.求曲面 $z=\sqrt{x^2+y^2}$ 在点 $(3,4,5)$ 处的切平面及法线方程.

4.求曲面 $x^3+y^3+z^3+xyz-6=0$ 在点 $(1,2,-1)$ 处的切平面及法线方程.

5.设 $f(u,v)$ 可微,证明:曲面 $f(ax-bz,ay-cz)=0$ 上任一点的切平面都与某一定直线平行,其中 a,b,c 是不同时为零的常数.

9.7

1. 求函数 $z=\ln(x+y)$ 在抛物线 $y^2=4x$ 上点 $(1,2)$ 处,沿着这条抛物线在该点处偏向 x 轴正向的切线方向的方向导数.

2. 求函数 $u=x^2+y^2-2z^2+3xy+xyz-2z-3y$ 在点 $(1,2,3)$ 处沿从点 $(1,2,3)$ 到点 $(2,1,3)$ 的方向的方向导数.

3. 设 $f(x,y)$ 在点 $(0,0)$ 处可微,沿 $\boldsymbol{i}+\sqrt{3}\boldsymbol{j}$ 方向的方向导数为 1,沿 $\sqrt{3}\boldsymbol{i}+\boldsymbol{j}$ 方向的方向导数为 $\sqrt{3}$,求 $f(x,y)$ 在点 $(0,0)$ 处变化最快的方向和这个最大的变化率.

4. 设 $u=\dfrac{z^2}{c^2}-\dfrac{x^2}{a^2}-\dfrac{y^2}{b^2}$,问 u 在点 (a,b,c) 处沿哪个方向增大最快?沿哪个方向减小最快?沿哪个方向变化率为零?

9.8

1. 求下列函数的极值.

$(1)z=3axy-x^3-y^3(a>0)$;

$(2)z=\mathrm{e}^{2x}(x+2y+y^2)$.

2.求下列函数在指定的约束条件下的极值.

(1)$z=x^2+y^2$,条件为 $x^6+y^6=1$;

(2)$u=xyz$,条件为 $x^2+y^2+z^2=1,x+y+z=0$.

3.求函数 $z=x^2y(4-x-y)$ 在由直线 $x+y=6$ 与 x 轴、y 轴所围成闭区域上的最大值和最小值.

4.在曲面 $z=\sqrt{2+x^2+4y^2}$ 上求一点,使它到平面 $x-2y+3z=1$ 的距离最近.

5. 抛物线 $z = x^2 + y^2$ 被平面 $x + y + z = 1$ 截成一椭圆,求这个椭圆上的点到原点的距离的最大值与最小值.

9.9

1. 求函数 $f(x, y) = \mathrm{e}^x \ln(1 + y)$ 在点 $(0, 0)$ 的三阶泰勒公式.

6. 修建一个体积为 V 的长方体水池(无盖),已知底面与侧面单位面积造价之比为 $3 : 2$. 问如何设计水池的长、宽、高,使总造价最低.

2. 求函数 $f(x, y) = \sin x \sin y$ 在点 $\left(\dfrac{\pi}{4}, \dfrac{\pi}{4} \right)$ 的二阶泰勒公式.

总习题九

1. 设函数 $f(x,y)$ 在点 $(0,0)$ 的某邻域内有定义,且 $f'_x(0,0)=3$, $f'_y(0,0)=-1$,则有(　　).

(A) $\mathrm{d}z\big|_{(0,0)}=3\mathrm{d}x-\mathrm{d}y$

(B) 曲面 $z=f(x,y)$ 在点 $(0,0,f(0,0))$ 处的切平面方程为 $3x-y-(z-f(0,0))=0$

(C) 曲面 $z=f(x,y)$ 在点 $(0,0,f(0,0))$ 处的法线方程为 $\dfrac{x}{3}=\dfrac{y}{-1}=\dfrac{z-f(0,0)}{-1}$

(D) 曲线 $\begin{cases} z=f(x,y) \\ y=0 \end{cases}$ 在点 $(0,0,f(0,0))$ 处的切线方程为 $\dfrac{x}{1}=\dfrac{y}{0}=\dfrac{z-f(0,0)}{3}$

2. 函数 $f(x,y)$ 在点 $(0,0)$ 处可微的一个充分条件是(　　).

(A) $\lim\limits_{(x,y)\to(0,0)}[f(x,y)-f(0,0)]=0$

(B) $\lim\limits_{x\to0}\dfrac{f(x,0)-f(0,0)}{x}=0$, $\lim\limits_{y\to0}\dfrac{f(0,y)-f(0,0)}{y}=0$

(C) $\lim\limits_{(x,y)\to(0,0)}\dfrac{f(x,y)-f(0,0)}{\sqrt{x^2+y^2}}=0$

(D) $\lim\limits_{x\to0}[f'_x(x,0)-f'_x(0,0)]=0$, $\lim\limits_{y\to0}[f'_y(0,y)-f'_y(0,0)]=0$

3. 设 $f(u,v)$ 由关系式 $f(xg(y),y)=x+g(y)$ 所确定,其中 g 可微,求 $\dfrac{\partial^2 f}{\partial u\partial v}$.

4. 证明: $f(x,y)=\begin{cases} xy\sin\dfrac{1}{x^2+y^2}, & x^2+y^2\neq0 \\ 0, & x^2+y^2=0 \end{cases}$ 在点 $(0,0)$ 处可微,并讨论其偏导数在点 $(0,0)$ 处是否连续.

5. 求函数 $u = x^2 + y^2 + z^2$ 在椭球面 $\dfrac{x^2}{a^2} + \dfrac{y^2}{b^2} + \dfrac{z^2}{c^2} = 1$ 上点 $M_0(x_0, y_0, z_0)$ 处沿外法线方向的方向导数.

7. 在第一卦限内作椭球面 $\dfrac{x^2}{a^2} + \dfrac{y^2}{b^2} + \dfrac{z^2}{c^2} = 1$ 的切平面,使该切平面与三个坐标面所围成的四面体的体积最小. 求这个切平面的切点,并求此最小体积.

6. 设有一圆板占有平面闭区域 $\{(x, y) \mid x^2 + y^2 \leqslant 1\}$. 设圆板被加热,以致在点 (x, y) 的温度是 $T = x^2 + 2y^2 - x$. 求该圆板的最热点和最冷点.

8. 设函数 $u = F(x, y, z)$ 在条件 $\varphi(x, y, z) = 0$ 和 $\psi(x, y, z) = 0$ 下,在点 (x_0, y_0, z_0) 处取极值 m. 试证:三个曲面 $F(x, y, z) = m$, $\varphi(x, y, z) = 0$, $\psi(x, y, z) = 0$ 在点 (x_0, y_0, z_0) 处的三条法线共面,这里 F, φ, ψ 都具有一阶连续偏导数,且每个函数的三个偏导数不同时为零.

第十章　重　积　分

习　题　十

10. 1

1. 设有一平面薄板(不计其厚度)占有 xOy 平面上的闭区域 D，薄板上分布着面密度为 $\mu = \mu(x,y)$ 的电荷，且 $\mu(x,y)$ 在 D 上连续，试用二重积分表达该薄板上的全部电荷 Q.

2. 根据二重积分的性质，比较下列积分的大小.

(1) $\iint\limits_{D} \ln(x+y)\,\mathrm{d}\sigma$ 与 $\iint\limits_{D} [\ln(x+y)]^2\,\mathrm{d}\sigma$，其中 D 是三角形闭区域，三个顶点分别为 $(1,0),(1,1),(2,0)$；

(2) $\iint\limits_{D} (x+y)^2\,\mathrm{d}\sigma$ 与 $\iint\limits_{D} (x+y)^3\,\mathrm{d}\sigma$，其中 D 是由圆周 $(x-2)^2+(y-1)^2=2$ 所围成的闭区域.

3. 利用二重积分的性质估计下列积分的值.

(1) $\iint\limits_{D} xy(x+y)\,\mathrm{d}\sigma$，其中 $D = \{(x,y)\,|\,0 \leqslant x \leqslant 1, 0 \leqslant y \leqslant 1\}$；

(2) $\iint\limits_{D} (x^2+4y^2+9)\,\mathrm{d}\sigma$，其中 $D = \{(x,y)\,|\,x^2+y^2 \leqslant 4\}$.

10. 2

1.计算下列二重积分.

(1) $\iint\limits_{D}(x+y)\,\mathrm{d}x\mathrm{d}y$,其中 D 是以 $(0,0),(1,0),(1,1)$ 为顶点的三角形闭区域；

(2) $\iint\limits_{D}(x^3+3x^2y+y^3)\,\mathrm{d}x\mathrm{d}y$,其中 $D=\{(x,y)\mid 0\leqslant x\leqslant 1,0\leqslant y\leqslant 1\}$；

(3) $\iint\limits_{D}x\sqrt{y}\,\mathrm{d}x\mathrm{d}y$,其中 D 是由两条抛物线 $y=\sqrt{x}$,$y=x^2$ 所围成的闭区域；

(4) $\iint\limits_{D}\sqrt{1-\sin^2(x+y)}\,\mathrm{d}x\mathrm{d}y$,其中 $D=\{(x,y)\mid 0\leqslant x\leqslant \pi,0\leqslant y\leqslant \pi\}$；

(5) $\iint\limits_{D}[x^2y+\sin(xy^2)]\,\mathrm{d}x\mathrm{d}y$,其中 D 是由曲线 $x^2-y^2=1$ 与直线 $y=0,y=1$ 所围成的闭区域.

2.交换下列二次积分的积分次序.

(1) $\int_1^e \mathrm{d}x \int_0^{\ln x} f(x,y)\,\mathrm{d}y$；

(2) $\int_0^1 dx \int_x^{2x} f(x,y)dy$ ；

3. 计算二次积分 $\int_0^{\frac{\pi}{6}} dy \int_y^{\frac{\pi}{6}} \dfrac{\cos x}{x} dx$.

(3) $\int_0^2 dy \int_{y^2}^{2y} f(x,y)dx$ ；

4. 设平面薄片所占的闭区域 D 由直线 $x+y=2, y=x$ 和 x 轴所围成，它的面密度 $\mu(x,y)=x^2+y^2$ ，求该薄片的质量．

(4) $\int_0^{\frac{a}{2}} dy \int_{\sqrt{a^2-2ay}}^{\sqrt{a^2-y^2}} f(x,y)dx + \int_{\frac{a}{2}}^a dy \int_0^{\sqrt{a^2-y^2}} f(x,y)dx (a>0)$.

5. 求由平面 $x=0, y=0, x+y=1$ 所围成的柱体被平面 $z=0$ 及抛物面 $x^2+y^2=6-z$ 截得的立体的体积．

6.利用极坐标计算下列二重积分.

(1) $\iint\limits_{D} \sqrt{x^2 + y^2}\, dx\, dy$，其中 D 是圆环形闭区域 $\{(x,y) \mid a^2 \leqslant x^2 + y^2 \leqslant b^2\}$；

(2) $\iint\limits_{D} (x^2 + y^2)\, dx\, dy$，其中 $D = \{(x,y) \mid x^2 + y^2 \geqslant 2x,\ x^2 + y^2 \leqslant 4x\}$；

(3) $\iint\limits_{D} (x^2 + y^2)^{\frac{3}{2}}\, dx\, dy$，其中 $D = \{(x,y) \mid x^2 + y^2 \leqslant 1,\ x^2 + y^2 \leqslant 2x\}$.

7.化下列二次积分为极坐标形式的二次积分.

(1) $\int_0^1 dx \int_0^1 f(x,y)\, dy$；

(2) $\int_0^1 dx \int_{1-x}^{\sqrt{1-x^2}} f(x,y)\, dy$.

8.把下列积分化为极坐标形式,并计算积分.

(1) $\int_0^1 dx \int_{x^2}^{x} \dfrac{1}{\sqrt{x^2 + y^2}}\, dy$；

(2) $\int_0^a \mathrm{d}x \int_{-x}^{-a+\sqrt{a^2-x^2}} \dfrac{1}{\sqrt{x^2+y^2}\sqrt{4a^2-x^2-y^2}} \mathrm{d}y (a>0).$

9. 计算以 xOy 平面上的圆周 $x^2+y^2=ax$ 围成的闭区域为底,而以曲面 $z=x^2+y^2$ 为顶的曲顶柱体的体积.

10. 3

1. 计算下列三重积分.

(1) $\iiint\limits_{\Omega} xyz\,\mathrm{d}x\mathrm{d}y\mathrm{d}z$,其中 Ω 为球面 $x^2+y^2+z^2=1$ 及三个坐标面所围成的在第一卦限内的闭区域;

(2) $\iiint\limits_{\Omega} y\cos(x+z)\,\mathrm{d}x\mathrm{d}y\mathrm{d}z$,其中 Ω 是由柱面 $y=\sqrt{x}$ 和平面 $y=0,z=0,x+z=\dfrac{\pi}{2}$ 所围成的闭区域;

(3) $\iiint\limits_{\Omega} (y^2 + x^3 y^4 z^5)\,\mathrm{d}x\mathrm{d}y\mathrm{d}z$，其中 $\Omega = \left\{ (x,y,z) \,\middle|\, \dfrac{x^2}{a^2} + \dfrac{y^2}{b^2} + \dfrac{z^2}{c^2} \leqslant 1 \right\}$；

(4) $\iiint\limits_{\Omega} y[1 + xf(z)]\,\mathrm{d}V$，其中 Ω 是由不等式组 $-1 \leqslant x \leqslant 1$，$x^3 \leqslant y \leqslant 1$，$0 \leqslant z \leqslant x^2 + y^2$ 所限定的闭区域，$f(z)$ 为任一连续函数.

2. 利用柱坐标计算下列三重积分.

(1) $\iiint\limits_{\Omega} \dfrac{1}{1 + x^2 + y^2}\,\mathrm{d}x\mathrm{d}y\mathrm{d}z$，其中 Ω 是由锥面 $x^2 + y^2 = z^2$ 及平面 $z = 1$ 所围成的闭区域；

(2) $\iiint\limits_{\Omega} (x^2 + y^2)\,\mathrm{d}x\mathrm{d}y\mathrm{d}z$，其中 Ω 是旋转抛物面 $2z = x^2 + y^2$ 与平面 $z = 2$，$z = 8$ 所围成的闭区域.

3.利用球坐标计算下列三重积分.

(1) $\iiint\limits_{\Omega}(x+z)\,\mathrm{d}x\mathrm{d}y\mathrm{d}z$,其中 Ω 是由锥面 $z=\sqrt{x^2+y^2}$ 与球面 $z=\sqrt{1-x^2-y^2}$ 所围成的闭区域;

(2) $\iiint\limits_{\Omega}\dfrac{x^2+y^2}{z^2}\mathrm{d}V$,其中 Ω 是由不等式组 $x^2+y^2+z^2\geqslant 1$, $x^2+y^2+(z-1)^2\leqslant 1$ 所确定的闭区域;

(3) $\iiint\limits_{\Omega}(x^3y-3xy^2+3xy)\,\mathrm{d}x\mathrm{d}y\mathrm{d}z$,其中 Ω 是球体 $(x-1)^2+(y-1)^2+(z-2)^2\leqslant 1$.

4.把积分 $\displaystyle\int_{-1}^{1}\mathrm{d}x\int_{0}^{\sqrt{1-x^2}}\mathrm{d}y\int_{1}^{1+\sqrt{1-x^2-y^2}}\dfrac{1}{\sqrt{x^2+y^2+z^2}}\mathrm{d}z$ 化成球坐标形式,并计算积分值.

5.设有一物体,占有空间闭区域 $\Omega = \{(x,y,z) \mid x^2 + y^2 \leqslant 2x, 0 \leqslant z \leqslant 1\}$,在点 (x,y,z) 处的密度为 $\rho(x,y,z) = x^2 + y^2 + z^2$,计算该物体的质量.

2.设平面薄片所占的闭区域 D 由抛物线 $y = x^2$ 及直线 $y = x$ 所围成,它在点 (x,y) 处的面密度 $\mu(x,y) = x^2 y$,求该薄片的质心.

10.4

1.求锥面 $z = \sqrt{x^2 + y^2}$ 被柱面 $z^2 = 2x$ 所割下部分的曲面面积.

3.设均匀薄片所占的闭区域 D 界于两个圆 $r = a\cos\theta, r = b\cos\theta (0 < a < b)$ 之间,求该薄片的质心.

4. 设均匀物体所占的闭区域 Ω 由抛物面 $y=\sqrt{x}$，$y=2\sqrt{x}$ 和平面 $z=0$，$x+z=6$ 所围成，求该物体的质心.

6. 设均匀薄片（面密度为常数 1）占有闭区域 $D=\left\{(x,y)\,\middle|\,\dfrac{x^2}{a^2}+\dfrac{y^2}{b^2}\leqslant 1\right\}$，求该薄片关于 y 轴的转动惯量.

5. 设一球占有闭区域 $\Omega=\{(x,y,z)\,|\,x^2+y^2+z^2\leqslant 2Rz\}$，它在内部各点处的密度的大小等于该点到坐标原点的距离的平方. 试求该球的质心.

7.设一均匀物体(密度 ρ 为常数)占有的闭区域 Ω 由曲面 $z = x^2 + y^2$ 和平面 $z = 0, |x| = a, |y| = a$ 所围成.

(1) 求物体的体积;

(2) 求物体的质心;

(3) 求物体关于 z 轴的转动惯量.

总 习 题 十

1.设有空间闭区域 $\Omega_1 = \{(x,y,z) \mid x^2 + y^2 + z^2 \leqslant R^2, z \geqslant 0\}, \Omega_2 = \{(x,y,z) \mid x^2 + y^2 + z^2 \leqslant R^2, x \geqslant 0, y \geqslant 0, z \geqslant 0\}$, 则有(   ).

(A) $\iiint\limits_{\Omega_1} x \, \mathrm{d}V = 4 \iiint\limits_{\Omega_2} x \, \mathrm{d}V$

(B) $\iiint\limits_{\Omega_1} y \, \mathrm{d}V = 4 \iiint\limits_{\Omega_2} y \, \mathrm{d}V$

(C) $\iiint\limits_{\Omega_1} z \, \mathrm{d}V = 4 \iiint\limits_{\Omega_2} z \, \mathrm{d}V$

(D) $\iiint\limits_{\Omega_1} xyz \, \mathrm{d}V = 4 \iiint\limits_{\Omega_2} xyz \, \mathrm{d}V$

2.设 $f(x)$ 为连续函数, $F(t) = \int_1^t \mathrm{d}y \int_y^t f(x) \mathrm{d}x$, 则 $F'(2) = $ (   ).

(A) $2f(2)$ (B) $f(2)$ (C) $-f(2)$ (D) 0

3.设 $f(x,y)$ 在闭区域 $D = \{(x,y) \mid x^2 + y^2 \leqslant y, x \geqslant 0\}$ 上连续, 且 $f(x,y) = \sqrt{1 - x^2 - y^2} - \dfrac{8}{\pi} \iint\limits_D f(x,y) \mathrm{d}x \mathrm{d}y$, 求 $f(x,y)$.

4. 设 $f(x)$ 连续,且 $F(t) = \iiint\limits_{\Omega} [z^2 + f(x^2 + y^2)]\,dV$,其中 Ω

由不等式组 $0 \leqslant z \leqslant h, x^2 + y^2 \leqslant t^2$ 所确定,求 $\dfrac{dF}{dt}$.

5. 有一融化过程中的雪堆,高 $h = h(t)$(t 为时间),侧面方程

为 $z = h(t) - \dfrac{2(x^2 + y^2)}{h(t)}$(长度单位为 cm,时间单位为 h). 已知

体积减小的速率与侧面积成正比(比例系数为 0.9). 问原高

$h(0) = 130\ \mathrm{cm}$ 的这个雪堆全部融化需要多少小时?

6.在均匀的半径为 R 的半圆形薄片的直径上,要接上一个一边与直径等长的同样材料的均匀矩形薄片,为了使整个均匀薄片的质心恰好落在圆心上,问接上去的均匀矩形薄片另一边的长度应是多少?

7.求由抛物线 $y=x^2$ 及直线 $y=1$ 所围成的均匀薄片(面密度为常数 μ)对于直线 $y=-1$ 的转动惯量.

第十一章　　曲线积分与曲面积分

习 题 十 一

11.1

1. 设在 xOy 面内有一分布着质量的曲线弧 L，它在点 (x,y) 处的线密度为 $\mu(x,y)$. 用对弧长的曲线积分分别表示：

(1) 该曲线弧对 x 轴、y 轴的转动惯量 I_x，I_y；

(2) 该曲线弧的质心坐标 $\bar{x}$，$\bar{y}$.

2. 计算下列对弧长的曲线积分.

(1) $\int_L x\,\mathrm{d}s$，其中 L 为抛物线 $y=x^2$ 上从点 $(0,0)$ 到点 $(1,1)$ 的弧段；

(2) $\int_L (x^{\frac{4}{3}}+y^{\frac{4}{3}})\,\mathrm{d}s$，其中 L 为星形线 $x=a\cos^3 t,y=a\sin^3 t\left(0\leqslant t\leqslant \dfrac{\pi}{2}\right)$ 在第一象限内的弧；

(3) $\oint_L \sqrt{x^2+y^2}\,\mathrm{d}s$，其中 L 为圆周 $x^2+y^2=2x$；

(4) $\oint_L e^{\sqrt{x^2+y^2}}ds$,其中 L 为圆周 $x^2+y^2=a^2$,直线 $y=x$ 及 x 轴在第一象限内所围成的扇形的整个边界;

3.求圆柱面 $x^2+y^2=R^2$ 界于 xOy 平面及柱面 $z=R+\dfrac{x^2}{R}$ 之间的一块柱面片的面积.

(5) $\int_L \dfrac{1}{x^2+y^2+z^2}ds$,其中 L 为曲线 $x=e^t\cos t, y=e^t\sin t,$ $z=e^t$ 上相应于 t 从 0 变到 2 的这段弧;

4.设螺旋形弹簧一圈的方程为 $x=a\cos t, y=a\sin t, z=kt$, 其中 $0 \leqslant t \leqslant 2\pi$,它的线密度 $\rho=x^2+y^2+z^2$,求:

(1) 它关于 z 轴的转动惯量 I_z;

(6) $\oint_L |xy|ds$,其中 L 是空间曲线 $\begin{cases} x^2+y^2=4 \\ \dfrac{x}{2}+z=1 \end{cases}$.

(2) 它的质心.

11.2

1.计算下列对坐标的曲线积分.

(1) $\int_L y\,dx + x\,dy$,其中 L 为圆周 $x = R\cos t, y = R\sin t$ 上对应 t 从 0 到 $\dfrac{\pi}{2}$ 的一段弧;

(2) $\int_L (x^2 - 2xy)\,dx + (y^2 - 2xy)\,dy$,其中 L 为抛物线 $y = x^2$ 上对应 x 从 -1 到 1 的一段弧;

(3) $\oint_L \dfrac{(x+y)\,dx - (x-y)\,dy}{x^2 + y^2}$,其中 L 为圆周 $x^2 + y^2 = a^2$(按逆时针方向绕行);

(4) $\int_L x\,dx + y\,dy + (x+y-1)\,dz$,其中 L 是从点 $(1,1,1)$ 到点 $(2,3,4)$ 的一段直线;

(5) $\oint_L (y^2 + z^2) \, dx + (z^2 + x^2) \, dy + (x^2 + y^2) \, dz$，其中 L 是

$$\begin{cases} x^2 + y^2 + z^2 = 4x \, (z \geqslant 0) \\ x^2 + y^2 = 2x \end{cases}$$，从 z 轴正向看 L 取逆时针方向.

（2）质点按逆时针方向沿椭圆 $\dfrac{x^2}{a^2} + \dfrac{y^2}{b^2} = 1$ 运动一周，求力场所做的功.

2. 设 xOy 平面内有一力场 $\boldsymbol{F}$，它的方向指向原点，大小等于点 (x, y) 到原点的距离.

（1）质点从点 $A(a, 0)$ 沿椭圆 $\dfrac{x^2}{a^2} + \dfrac{y^2}{b^2} = 1$ 逆时针方向移动到点 $B(0, b)$，求力场所做的功；

3. 将对坐标的曲线积分 $\displaystyle\int_L P(x, y) \, dx + Q(x, y) \, dy$ 化为对弧长的曲线积分，其中 L 为：

（1）在 xOy 平面内沿直线从点 $(0, 0)$ 到点 $(1, 1)$；

（2）沿抛物线 $y = x^2$ 从点 $(0, 0)$ 到点 $(1, 1)$；

(3) 沿上半圆周 $x^2 + y^2 = 2x$ 从点 $(0,0)$ 到点 $(1,1)$.

11.3

1. 利用曲线积分,求星形线 $x = a\cos^3 t, y = a\sin^3 t$ 所围成图形的面积.

2. 利用格林公式,计算下列对坐标的曲线积分.

(1) $\oint_L (2x - y + 4)\,\mathrm{d}x + (5y + 3x - 6)\,\mathrm{d}y$,其中 L 是三个顶点分别为 $(0,0),(3,0)$ 和 $(3,2)$ 的三角形正向边界;

(2) $\oint_L (x^2 y\cos x + 2xy\sin x - y^2 \mathrm{e}^x)\,\mathrm{d}x + (x^2\sin x - 2y\mathrm{e}^x)\,\mathrm{d}y$,其中 L 为正向星形线 $x^{\frac{2}{3}} + y^{\frac{2}{3}} = a^{\frac{2}{3}}(a > 0)$;

(3) $\int_L \sqrt{x^2 + y^2}\,\mathrm{d}x + \left[x + y\ln(x + \sqrt{x^2 + y^2}) \right]\mathrm{d}y$,其中 L 是从点 $(2,1)$ 沿上半圆周 $y = 1 + \sqrt{1 - (x-1)^2}$ 到点 $(0,1)$ 的弧段;

(4) $\int_L (3xy + \sin x)\mathrm{d}x + (x^2 - y\mathrm{e}^y)\mathrm{d}y$，其中 L 是从点 $(0,0)$ 到点 $(4,8)$ 的抛物线段 $y = x^2 - 2x$；

(5) $\oint_L \dfrac{-y\mathrm{d}x + x\mathrm{d}y}{x^2 + y^2}$，其中 L 是逆时针方向的椭圆 $\dfrac{x^2}{a^2} + \dfrac{y^2}{b^2} = 1$.

3. 确定闭曲线 C，使曲线积分 $\oint_C \left(x + \dfrac{y^3}{3}\right)\mathrm{d}x + \left(y + x - \dfrac{2}{3}x^3\right)\mathrm{d}y$ 达到最大值.

4. 证明：曲线积分 $\int_L \mathrm{e}^x(\cos y\mathrm{d}x - \sin y\mathrm{d}y)$ 在整个 xOy 平面内与路径无关，并求 $\int_{(0,0)}^{(a,b)} \mathrm{e}^x(\cos y\mathrm{d}x - \sin y\mathrm{d}y)$.

5.计算曲线积分 $\int_L \dfrac{1}{x}\sin\left(xy-\dfrac{\pi}{4}\right)\mathrm{d}x+\dfrac{1}{y}\sin\left(xy-\dfrac{\pi}{4}\right)\mathrm{d}y$,

其中 L 是由点 $(1,\pi)$ 到点 $\left(\dfrac{\pi}{2},2\right)$ 的直线段.

6. 计算曲线积分 $\int_L \dfrac{-y\mathrm{d}x+x\mathrm{d}y}{x^2+y^2}$, 其中 L 是摆线 $\begin{cases} x=a(t-\sin t)-a\pi \\ y=a(1-\cos t) \end{cases}$ 上由点 $(-\pi a,0)$ 到点 $(\pi a,0)$ 的弧段.

7. 设 $f(-1)=1$, 试求可微函数 $f(x)$, 使曲线积分 $\int_L \dfrac{y}{x}\left[\sin x-f(x)\right]\mathrm{d}x+\left[f(x)-x^2\right]\mathrm{d}y$ 在半平面 $D=\{(x,y)\,|\,x<0\}$ 内与路径无关, 并计算从点 $\left(-\dfrac{3\pi}{2},\pi\right)$ 到点 $\left(-\dfrac{\pi}{2},0\right)$ 的这个积分.

8.设质点 A 对质点 M 的引力大小为 $\dfrac{k}{r^2}$(k 为常数), r 为点 A 与点 M 之间的距离,将质点 A 固定于点 $(0,1)$ 处,质点 M 沿上半圆周 $y=\sqrt{2x-x^2}$ 从点 $(0,0)$ 处移动到点 $(2,0)$ 处,求此运动过程中质点 A 对质点 M 的引力所做的功.

9. 验证表达式 $(2x\cos y + y^2\cos x)dx + (2y\sin x - x^2\sin y)dy$ 在整个 xOy 平面内是某一函数 $u(x,y)$ 的全微分, 并求出一个这样的 $u(x,y)$.

10. 验证方程 $(3x^2 + 6xy^2)dx + (6x^2y + 4y^2)dy = 0$ 是全微分方程, 并求其通解.

11. 设 $f(x)$ 具有二阶连续导数, $f(0)=0$, $f'(0)=1$, 且方程 $[xy(x+y) - f(x)y]dx + [f'(x) + x^2y]dy = 0$ 是全微分方程, 求 $f(x)$ 及此全微分方程的通解.

11. 4

1. 设有一分布着质量的曲面 Σ, 在点 (x,y,z) 处它的面密度为 $\rho(x,y,z)$, 用对面积的曲面积分表示该曲面的质量.

2. 计算下列对面积的曲面积分.

(1) $\iint\limits_{\Sigma} \dfrac{1+x\sin(zy^3)}{x^2+y^2+z^2} \mathrm{d}S$, 其中 Σ 是下半球面 $z=-\sqrt{R^2-x^2-y^2}$；

(2) $\iint\limits_{\Sigma} (2xy-2x^2-x+z) \mathrm{d}S$, 其中 Σ 为平面 $2x+2y+z=6$ 在第一卦限中的部分；

(3) $\iint\limits_{\Sigma} (xy+yz+zx) \mathrm{d}S$, 其中 Σ 为锥面 $z=\sqrt{x^2+y^2}$ 被柱面 $x^2+y^2=2ax$ 所截得的有限部分.

3. 求面密度为 μ_0 的均匀半球壳 $x^2+y^2+z^2=a^2 (z\geqslant 0)$ 对于 z 轴的转动惯量.

11. 5

1. 计算下列对坐标的曲面积分.

(1) $\iint\limits_{\Sigma} x^2 y^2 z \mathrm{d}x\mathrm{d}y$, 其中 Σ 是球面 $x^2 + y^2 + z^2 = R^2$ 的下半部分的下侧;

(2) $\iint\limits_{\Sigma} x\mathrm{d}y\mathrm{d}z + y\mathrm{d}z\mathrm{d}x + z\mathrm{d}x\mathrm{d}y$, 其中 Σ 是抛物面 $z = x^2 + y^2$ 在平面 $z = 1$ 下方的部分的上侧;

(3) $\oiint\limits_{\Sigma} \dfrac{x \mathrm{d}y\mathrm{d}z + z^2 \mathrm{d}x\mathrm{d}y}{x^2 + y^2 + z^2}$, 其中 Σ 是由圆柱面 $x^2 + y^2 = R^2$ 及两平面 $z = R, z = -R$ 所围成的立体表面的外侧.

2.将对坐标的曲面积分$\iint\limits_{\Sigma}P(x,y,z)\mathrm{d}y\mathrm{d}z + Q(x,y,z)\mathrm{d}z\mathrm{d}x +$

$R(x,y,z)\mathrm{d}x\mathrm{d}y$ 化成对面积的曲面积分,其中 Σ 是:

　(1) 平面 $3x + 2y + 2\sqrt{3}z = 6$ 在第一卦限的部分的上侧;

　(2) 抛物面 $z = 8 - (x^2 + y^2)$ 在 xOy 平面上方的部分的上侧.

11.6

1.利用高斯公式计算下列曲面积分.

　(1) $\oiint\limits_{\Sigma} 4xz\mathrm{d}y\mathrm{d}z - y^2\mathrm{d}z\mathrm{d}x + yz\mathrm{d}x\mathrm{d}y$,其中 Σ 是平面 $x = 0$,

$y = 0, z = 0, x = 1, y = 1, z = 1$ 所围成的立方体的全表面的外侧;

　(2) $\oiint\limits_{\Sigma} x^3\mathrm{d}y\mathrm{d}z + y^3\mathrm{d}z\mathrm{d}x + z^3\mathrm{d}x\mathrm{d}y$,其中 Σ 为球面 $x^2 + y^2 +$

$z^2 = a^2$ 的外侧;

(3) $\displaystyle\iint_{\Sigma} \frac{ax\,\mathrm{d}y\mathrm{d}z + (z+a)^2\,\mathrm{d}x\mathrm{d}y}{\sqrt{x^2+y^2+z^2}}$，其中 Σ 为下半球面 $z = -\sqrt{a^2-x^2-y^2}$ 的上侧；

(4) $\displaystyle\iint_{\Sigma}(8y+1)x\,\mathrm{d}y\mathrm{d}z + 2(1-y^2)\,\mathrm{d}z\mathrm{d}x - 4yz\,\mathrm{d}x\mathrm{d}y$，其中 Σ 是由曲线 $\begin{cases} z=\sqrt{y-1} \\ x=0 \end{cases}(1\leqslant y\leqslant 3)$ 绕 y 轴旋转一周所生成的曲面，它的法向量与 y 轴正向的夹角恒大于 $\dfrac{\pi}{2}$.

2. 设 Σ 是曲面 $z=x^2+y^2$ 与平面 $z=1$ 围成的立体的表面外侧，求向量场 $\mathbf{A}=x^2\mathbf{i}+y^2\mathbf{j}+z^2\mathbf{k}$ 穿过 Σ 向外的通量.

3. 求下列向量场 $\mathbf{A}$ 的散度.

(1) 设 $\mathbf{A}=\mathrm{e}^{xy}\mathbf{i}+\cos(xy)\mathbf{j}+\cos(xz^2)\mathbf{k}$，求 $\mathbf{A}$ 的散度；

(2) 设 $\mathbf{A}=xyz(x\mathbf{i}+y\mathbf{j}+z\mathbf{k})$，求 $\mathbf{A}$ 在点 $(1,2,3)$ 处的散度.

11.7

1. 利用斯托克斯公式计算下列曲线积分.

(1) $\oint_L (y^2 - z^2)\,\mathrm{d}x + (2z^2 - x^2)\,\mathrm{d}y + (3x^2 - y^2)\,\mathrm{d}z$,其中 L 是平面 $x + y + z = 2$ 与柱面 $|x| + |y| = 1$ 的交线,从 z 轴正向看去 L 是逆时针方向;

(2) $\oint_L y^2\,\mathrm{d}x + z^2\,\mathrm{d}y + x^2\,\mathrm{d}z$,其中 L 是上半球面 $x^2 + y^2 + z^2 = a^2 (z \geqslant 0)$ 与柱面 $x^2 + y^2 = ax$ 的交线,从 x 轴正向看去 L 是逆时针方向.

2. 设 Σ 是球面 $x^2 + y^2 + z^2 = 9$ 的上半部分的上侧,L 为 Σ 的边界线,$\boldsymbol{F} = 2y\boldsymbol{i} + 3x\boldsymbol{j} - z^2\boldsymbol{k}$,试用下面指定的方法计算曲面积分 $\iint\limits_{\Sigma} \mathrm{rot}\,\boldsymbol{F} \cdot \mathrm{d}\boldsymbol{S}$.

(1) 用对面积的曲面积分计算;

(2) 用对坐标的曲面积分计算;

（3）用高斯公式计算；

（4）用斯托克斯公式计算.

3. 求下列向量场 $\boldsymbol{A}$ 的旋度.

（1）设 $\boldsymbol{A} = x^2 \sin y \boldsymbol{i} + y^2 \sin(xz) \boldsymbol{j} + xy \sin(\cos z) \boldsymbol{k}$，求 $\boldsymbol{A}$ 的旋度；

（2）设 $\boldsymbol{A} = (y^2 + z^2) \boldsymbol{i} + (z^2 + x^2) \boldsymbol{j} + (x^2 + y^2) \boldsymbol{k}$，求 $\boldsymbol{A}$ 在点 $(1,2,3)$ 处的旋度.

4. 设 L 为圆周 $z = 2 - \sqrt{x^2 + y^2}$，$z = 0$（从 z 轴正向看去 L 是逆时针方向），求向量场 $\boldsymbol{A} = (x - z)\boldsymbol{i} + (x^3 + yz)\boldsymbol{j} - 3xy^2\boldsymbol{k}$ 沿闭曲线 L 的环流量.

5. 设函数 $Q(x, y, z)$ 具有连续的一阶偏导数，且 $Q(0, y, 0) = 0$，表达式 $axz\,\mathrm{d}x + Q(x, y, z)\,\mathrm{d}y + (x^2 + 2y^2z - 1)\,\mathrm{d}z$ 是某函数 $u(x, y, z)$ 的全微分，求常数 a，函数 $Q(x, y, z)$ 及 $u(x, y, z)$.

总习题十一

1. 设曲面 Σ 是上半球面 $x^2+y^2+z^2=R^2(z\geqslant 0)$，曲面 Σ_1 是曲面 Σ 在第一卦限中的部分，则有（　　）.

(A) $\iint\limits_{\Sigma}x\,\mathrm{d}S=4\iint\limits_{\Sigma_1}x\,\mathrm{d}S$　　　　(B) $\iint\limits_{\Sigma}y\,\mathrm{d}S=4\iint\limits_{\Sigma_1}y\,\mathrm{d}S$

(C) $\iint\limits_{\Sigma}z\,\mathrm{d}S=4\iint\limits_{\Sigma_1}z\,\mathrm{d}S$　　　　(D) $\iint\limits_{\Sigma}xyz\,\mathrm{d}S=4\iint\limits_{\Sigma_1}xyz\,\mathrm{d}S$

2. 求八分之一的球面 $x^2+y^2+z^2=R^2,x\geqslant 0,y\geqslant 0,z\geqslant 0$ 的边界线的形心坐标.

3. 计算曲线积分 $\oint_{C}\dfrac{yx^2\,\mathrm{d}x-xy^2\,\mathrm{d}y}{1+\sqrt{x^2+y^2}}$，其中 C 是由下半圆周 $C_1:y=-\sqrt{1-x^2}$ 及直线段 $C_2:y=0(-1\leqslant x\leqslant 1)$ 构成的顺时针闭曲线.

4. 设函数 $f(x)$ 在区间 $(-\infty,+\infty)$ 内具有一阶连续导数，L 是上半平面 $(y>0)$ 内的有向分段光滑曲线，其起点为 (a,b)，终点为 (c,d). 记 $I=\displaystyle\int_{L}\frac{1}{y}[1+y^2f(xy)]\mathrm{d}x+\frac{x}{y^2}[y^2f(xy)-1]\mathrm{d}y$.

(1) 证明：曲线积分 I 与路径无关；

(2) 当 $ab=cd$ 时，求 I 的值.

5. 在半平面 $D = \{(x,y) \,|\, x+y > 0\}$ 上，表达式 $\dfrac{(x^2 + 2xy + 5y^2)\,\mathrm{d}x + (x^2 - 2xy + y^2)\,\mathrm{d}y}{(x+y)^3}$ 是否为某一函数 $u(x,y)$ 的全微分？若是，求出 $u(x,y)$.

6. 对于半空间 $\Omega = \{(x,y,z) \,|\, x > 0\}$ 内任意光滑有向封闭曲面 Σ，都有 $\oiint\limits_{\Sigma} xf(x)\mathrm{d}y\mathrm{d}z - xyf(x)\mathrm{d}z\mathrm{d}x - \mathrm{e}^{2x}z\,\mathrm{d}x\mathrm{d}y = 0$，其中 $f(x)$ 在区间 $(0, +\infty)$ 内具有一阶连续导数，且 $\lim\limits_{x \to 0^+} f(x) = 1$，求 $f(x)$.

第十二章 无穷级数

习 题 十 二

12.1

1．写出下列级数的一般项 u_n.

(1) $\dfrac{1}{2} + \dfrac{2}{5} + \dfrac{3}{10} + \dfrac{4}{17} + \cdots$;

(2) $\dfrac{\sqrt{3}}{2} + \dfrac{3}{2 \cdot 4} + \dfrac{3\sqrt{3}}{2 \cdot 4 \cdot 6} + \dfrac{3^2}{2 \cdot 4 \cdot 6 \cdot 8} + \cdots$.

2．已知级数 $\displaystyle\sum_{n=1}^{\infty} u_n$ 的部分和 $S_n = \dfrac{2n}{n+1}$，$n = 1, 2, \cdots$.

(1) 求此级数的一般项 u_n;

(2) 判断此级数的敛散性.

3．根据级数收敛与发散的定义判定下列级数的敛散性，对收敛级数求出其和.

(1) $\dfrac{1}{1 \cdot 3} + \dfrac{1}{3 \cdot 5} + \dfrac{1}{5 \cdot 7} + \cdots + \dfrac{1}{(2n-1)(2n+1)} + \cdots$;

(2) $\displaystyle\sum_{n=1}^{\infty} \sin \dfrac{n\pi}{2}$;

(3) $\displaystyle\sum_{n=1}^{\infty} \dfrac{2n-1}{2^n}$;

(4) $\sum_{n=1}^{\infty} \ln\left(1+\frac{1}{n}\right)$.

5. 已知 $\sum_{n=1}^{\infty} \frac{1}{n^2} = \frac{\pi^2}{6}$，求级数 $\sum_{n=1}^{\infty} \frac{1}{(2n-1)^2}$ 的和.

4. 用性质判定下列级数的敛散性.

(1) $\frac{1}{3} + \frac{1}{6} + \frac{1}{9} + \cdots + \frac{1}{3n} + \cdots$；

6. 一类慢性病人需每天服用某种药物，按药理，一般患者体内药量需维持在 $20 \sim 25$ mg 之间. 设体内药物每天有 80% 排泄掉，问病人每天服用的药量为多少？

(2) $\frac{1}{3} + \frac{1}{\sqrt{3}} + \frac{1}{\sqrt[3]{3}} + \cdots + \frac{1}{\sqrt[n]{3}} + \cdots$；

(3) $\left(\frac{1}{2} + \frac{1}{3}\right) + \left(\frac{1}{2^2} + \frac{1}{3^2}\right) + \left(\frac{1}{2^3} + \frac{1}{3^3}\right) + \cdots + \left(\frac{1}{2^n} + \frac{1}{3^n}\right) + \cdots$.

12. 2

1.用比较审敛法或极限形式的比较审敛法判定下列级数的敛散性.

$(1) 1 + \dfrac{1}{3} + \dfrac{1}{5} + \cdots + \dfrac{1}{2n-1} + \cdots;$

$(2) \sin\dfrac{\pi}{2} + \sin\dfrac{\pi}{2^2} + \sin\dfrac{\pi}{2^3} + \cdots + \sin\dfrac{\pi}{2^n} + \cdots;$

$(3) \displaystyle\sum_{n=1}^{\infty} \dfrac{\left[\sqrt{3} + \sin^n n\right]^n}{3^n};$

$(4) \displaystyle\sum_{n=1}^{\infty} \left[\dfrac{1}{n} - \ln\left(1 + \dfrac{1}{n}\right)\right].$

2.用比值审敛法判定下列级数的敛散性.

$(1) \dfrac{3}{1 \cdot 2} + \dfrac{3^2}{2 \cdot 2^2} + \dfrac{3^3}{3 \cdot 2^3} + \cdots + \dfrac{3^n}{n \cdot 2^n} + \cdots;$

$(2) \displaystyle\sum_{n=1}^{\infty} \dfrac{2^n n!}{n^n};$

$(3) \displaystyle\sum_{n=1}^{\infty} n\tan\dfrac{\pi}{2^{n+1}}.$

3.用根值审敛法判定下列级数的敛散性.

$(1) \displaystyle\sum_{n=1}^{\infty} \left(\dfrac{n}{3n-1}\right)^{2n-1};$

(2) $\sum\limits_{n=1}^{\infty} \left(\dfrac{b}{a_n}\right)^n$,其中 $a_n \to a (n \to \infty)$,a_n,b,a 均为正数.

(4) $\sum\limits_{n=2}^{\infty} \sin\left(n\pi + \dfrac{1}{\ln n}\right)$.

4.判定下列级数是否收敛? 如果是收敛的,是绝对收敛还是条件收敛?

(1) $1 - \dfrac{1}{\sqrt{2}} + \dfrac{1}{\sqrt{3}} - \dfrac{1}{\sqrt{4}} + \cdots + \dfrac{(-1)^{n-1}}{\sqrt{n}} + \cdots$;

5.讨论级数 $\sum\limits_{n=1}^{\infty} n^{\alpha}\beta^n$ 的敛散性,其中 α 为任意实数,β 为非负实数.

(2) $\sum\limits_{n=1}^{\infty} (-1)^{n-1} \dfrac{n}{3^{n-1}}$;

6.证明:

(1) 若正项级数 $\sum\limits_{n=1}^{\infty} u_n$ 收敛,则 $\sum\limits_{n=1}^{\infty} u_n^2$ 收敛;

(3) $\sum\limits_{n=1}^{\infty} \left[\dfrac{\sin(n\alpha)}{n^2} - \dfrac{1}{\sqrt{n}}\right]$($\alpha$ 为任意实数);

（2）若正项级数 $\sum\limits_{n=1}^{\infty}u_n$，$\sum\limits_{n=1}^{\infty}v_n$ 均收敛，则 $\sum\limits_{n=1}^{\infty}u_nv_n$，

$\sum\limits_{n=1}^{\infty}\sqrt{\dfrac{v_n}{n^p}}\,(p>1)$ 均收敛.

12.3

1.求下列幂级数的收敛半径及收敛域.

(1) $1-x+\dfrac{x^2}{2^2}+\cdots+(-1)^n\dfrac{x^n}{n^2}+\cdots$;

7.利用收敛级数的性质证明 $\lim\limits_{n\to\infty}\dfrac{n^n}{(2n)!}=0$.

(2) $\dfrac{x}{2}+\dfrac{x^2}{2\cdot4}+\dfrac{x^3}{2\cdot4\cdot6}+\cdots+\dfrac{x^n}{2\cdot4\cdot\cdots\cdot(2n)}+\cdots$;

8.设级数 $\sum\limits_{n=1}^{\infty}a_n^2$，$\sum\limits_{n=1}^{\infty}b_n^2$ 均收敛,证明: $\sum\limits_{n=1}^{\infty}a_nb_n$，$\sum\limits_{n=1}^{\infty}(-1)^{\frac{n(n+1)}{2}}\cdot$

$(a_n+b_n)^2$，$\sum\limits_{n=1}^{\infty}\dfrac{a_n}{n}$ 均绝对收敛.

(3) $\sum\limits_{n=0}^{\infty}\dfrac{3^{-\sqrt{n}}x^n}{\sqrt{n^2+1}}$;

(4) $\sum\limits_{n=1}^{\infty}\left(\dfrac{a^n}{n}+\dfrac{b^n}{n^2}\right)x^n\ (a>0,b>0)$;

(7) $\sum\limits_{n=1}^{\infty}(-1)^n\dfrac{x^{2n+1}}{2n+1}$;

(8) $\sum\limits_{n=1}^{\infty}\dfrac{2n-1}{2^n}x^{2n-2}$;

(5) $\sum\limits_{n=1}^{\infty}\dfrac{(x-5)^n}{\sqrt{n}}$;

(9) $\sum\limits_{n=0}^{\infty}\dfrac{x^{n^2}}{2^n}$.

(6) $\sum\limits_{n=1}^{\infty}\dfrac{(2x+1)^n}{n}$;

2. 设幂级数 $\sum\limits_{n=0}^{\infty} a_n (x+1)^n$ 在 $x=3$ 处条件收敛，试确定此幂级数的收敛半径，并阐明理由.

3. 求下列幂级数的收敛域及和函数.

(1) $\sum\limits_{n=1}^{\infty} n x^{n-1}$;

(2) $x + \dfrac{x^3}{3} + \dfrac{x^5}{5} + \cdots + \dfrac{x^{2n-1}}{2n-1} + \cdots$;

(3) $\sum\limits_{n=1}^{\infty} \dfrac{n}{2^n} x^{2n-2}$;

(4) $\sum\limits_{n=1}^{\infty} (-1)^{n-1} \dfrac{x^{2n}}{n(2n-1)}$;

(5) $\sum\limits_{n=0}^{\infty} \dfrac{(n-1)^2}{n+1} x^n$.

4.求常数项级数 $\sum\limits_{n=0}^{\infty} \dfrac{(-1)^{n}(n^{2}-n+1)}{2^{n}}$ 的和.

12.4

1.若 $f(x)=\sum\limits_{n=0}^{\infty} a_{n}x^{n}$,试证:

(1) 当 $f(x)$ 为奇函数时,必有 $a_{2k}=0,k=0,1,2,\cdots$;

(2) 当 $f(x)$ 为偶函数时,必有 $a_{2k+1}=0,k=0,1,2,\cdots$.

5.设幂级数 $\sum\limits_{n=1}^{\infty} a_{n}x^{n}$ 的收敛半径为 3,和函数为 $S(x)$,求幂级数 $\sum\limits_{n=1}^{\infty} na_{n}(x-1)^{n+1}$ 的收敛区间及和函数.

2.将下列函数展开成 x 的幂级数,并求展开式成立的区间.

(1)$\mathrm{e}^{x^{2}}$;

(2) $\sin^2 x$；

(5) $\dfrac{x}{\sqrt{1+x^2}}$；

(3)$\ln(1+x-2x^2)$；

(6)$\arctan\dfrac{1-2x}{1+2x}$；

(4) $\dfrac{x}{2+x-x^2}$；

(7) $\displaystyle\int_0^x \dfrac{\sin x}{x}\mathrm{d}x$.

3. 将下列函数展开成 $(x-x_0)$ 的幂级数, 并求展开式成立的区间.

(1) $\sqrt{x^3}$, $x_0=1$;

(2) $\cos x$, $x_0=-\dfrac{\pi}{3}$;

(3) $\dfrac{1}{x^2+3x+2}$, $x_0=-4$.

4. 求下列幂级数的收敛域及和函数.

(1) $\displaystyle\sum_{n=1}^{\infty} \dfrac{n^2 x^n}{2^n n!}$;

(2) $\displaystyle\sum_{n=0}^{\infty} \dfrac{(-1)^n(2n+1)}{(2n)!} x^{2n+1}$;

(3) $\displaystyle\sum_{n=0}^{\infty} \dfrac{x^{3n}}{(3n)!}$.

12.7

1.下列周期函数 $f(x)$ 的周期为 2π,试将 $f(x)$ 展开成傅里叶级数,如果 $f(x)$ 在 $[-\pi,\pi)$ 上的表达式为:

(1) $f(x)=\dfrac{\pi}{4}-\dfrac{x}{2}$;

(3) $f(x)=2\sin\dfrac{x}{3}$;

(2) $f(x)=3x^2+1$;

(4) $f(x)=\begin{cases} e^x, & -\pi\leqslant x<0 \\ 1, & 0\leqslant x<\pi \end{cases}$.

2.将函数 $f(x) = \cos\dfrac{x}{2}(0 \leqslant x \leqslant \pi)$ 展开成余弦级数.

4.设函数 $f(x) = \pi x + x^2(-\pi \leqslant x \leqslant \pi)$ 的傅里叶级数为 $\dfrac{a_0}{2} + \sum\limits_{n=1}^{\infty}(a_n\cos nx + b_n\sin nx)$，求系数 b_3，并说明常数 $\dfrac{a_0}{2}$ 的意义.

3.将区间 $[0,\pi]$ 上的函数 $f(x) = \begin{cases} \dfrac{x}{\pi}, & 0 \leqslant x < \dfrac{\pi}{2} \\ 1 - \dfrac{x}{\pi}, & \dfrac{\pi}{2} \leqslant x \leqslant \pi \end{cases}$ 展开成正弦级数.

12.8

1.将下列周期函数展开成傅里叶级数(下面给出函数在一个周期内的表达式).

$(1)f(x) = 1 - x^2 \left(-\dfrac{1}{2} \leqslant x < \dfrac{1}{2}\right)$;

$(2) f(x) = \begin{cases} 2x+1, & -3 \leqslant x < 0 \\ 1, & 0 \leqslant x < 3 \end{cases}$.

2. 将函数 $f(x) = x^2 (0 \leqslant x \leqslant 2)$ 分别展开成正弦级数和余弦级数.

总习题十二

1. 设级数 $\sum\limits_{n=1}^{\infty} u_n$ 条件收敛，又设 $v_n = \dfrac{u_n + |u_n|}{2}$, $w_n = \dfrac{u_n - |u_n|}{2}$, 则级数（　　）.

(A) $\sum\limits_{n=1}^{\infty} v_n$ 和 $\sum\limits_{n=1}^{\infty} w_n$ 都收敛

(B) $\sum\limits_{n=1}^{\infty} v_n$ 和 $\sum\limits_{n=1}^{\infty} w_n$ 都发散

(C) $\sum\limits_{n=1}^{\infty} v_n$ 收敛，但 $\sum\limits_{n=1}^{\infty} w_n$ 发散

(D) $\sum\limits_{n=1}^{\infty} v_n$ 发散，但 $\sum\limits_{n=1}^{\infty} w_n$ 收敛

2. 设 $f(x) = \displaystyle\int_0^{\sin x} \sin t^2 \, \mathrm{d}t$, $g(x) = \sum\limits_{n=1}^{\infty} \dfrac{x^{2n+1}}{n^n + 2}$, 则当 $x \to 0$ 时，$f(x)$ 是 $g(x)$ 的（　　）.

(A) 等价无穷小

(B) 同阶，但不等价无穷小

(C) 低阶无穷小

(D) 高阶无穷小

3.设正项数列 $\{a_n\}$ 单调递减,且级数 $\sum\limits_{n=1}^{\infty} (-1)^n a_n$ 发散,试问级数 $\sum\limits_{n=1}^{\infty} \left(\dfrac{1}{a_n+1}\right)^n$ 是否收敛? 并说明理由.

4.利用 $\dfrac{\mathrm{d}}{\mathrm{d}x}\left(\dfrac{\cos x-1}{x}\right)$ 的幂级数展开式,求级数 $\sum\limits_{n-1}^{\infty} (-1)^n \cdot \dfrac{2n-1}{(2n)!}\left(\dfrac{\pi}{2}\right)^{2n}$ 的和.

5.设 $f(x)=\begin{cases}\dfrac{1+x^2}{x}\arctan x, & x\neq 0 \\ 1, & x=0\end{cases}$,将 $f(x)$ 展开为 x 的幂级数,并求级数 $\sum\limits_{n=1}^{\infty} \dfrac{(-1)^n}{1-4n^2}$ 的和.

秋季学期期中考试测试题(一)

一、填空题

1. 设 $f(x)$ 是以 4 为周期的奇函数,且 $f(x)=x^2$,$4<x<6$,则当 $x\in(-4,0)$ 时,$f(x)$ 的表达式是 _____.

2. $\lim\limits_{x\to0^+}\dfrac{(1-\sqrt{\cos x})\ln(1+x)}{(1-\cos\sqrt{x})^2\sin x}=$ _____.

3. 曲线 $x^2y+\ln y=1$ 在点 $(1,1)$ 处的法线方程是 _____.

4. 已知 $\lim\limits_{x\to0}\left(1+\dfrac{f(x)}{4^x-1}\right)^{\frac{1}{\ln\cos x}}=2$,则 $\lim\limits_{x\to0}\dfrac{f(x)}{x^3}=$ _____.

5. 设函数 $f(x)$ 满足 $e^{f(x)}=e^{2x}(1+2x)-2xf'(0)$,则 $f(x)=$ _____.

二、选择题

1. 数列 $\{a_n\}$ 收敛于实数 a 等价于( ).

(A) 对于任意给定的 $\varepsilon>0$,在区间 $(a-\varepsilon,a+\varepsilon)$ 内有数列的无穷多项

(B) 对于任意给定的 $\varepsilon>0$,在区间 $(a-\varepsilon,a+\varepsilon)$ 外有数列的无穷多项

(C) 存在正整数 N,使得当 $n>N$ 时,恒有 $|a_n-a|<\dfrac{1}{n}$

(D) 对于任意给定的正整数 k,在区间 $\left(a-\dfrac{1}{2^k},a+\dfrac{1}{2^k}\right)$ 外有数列的有限项

2. $\lim\limits_{n\to\infty}\left(\dfrac{1}{n^2-n+1}+\dfrac{4}{n^2-n+2}+\cdots+\dfrac{3n-2}{n^2}\right)=$( ).

(A) $\dfrac{1}{3}$ (B) $\dfrac{2}{3}$ (C) 3 (D) $\dfrac{3}{2}$

3. 设 $f(x)=\begin{cases}\dfrac{1-\cos x}{\sqrt{x}},&x>0\\ x^2g(x),&x\leqslant0\end{cases}$,其中 $g(x)$ 为有界函数,则 $f(x)$ 在 $x=0$ 处( ).

(A) 极限不存在   (B) 极限存在,但不连续

(C) 连续,但不可导   (D) 可导

4. 设函数 $y=f(x)$ 在点 x_0 处可微,又 $\Delta y=f(x_0+h)-f(x_0)$,$dy=f'(x_0)h$,则当 $h\to0$ 时必有( ).

(A)dy 与 Δy 是等价无穷小

(B)$\Delta y-dy$ 是比 h 高阶的无穷小

(C)dy 是 h 的同阶无穷小

(D)$\Delta y-dy$ 是 h 的同阶无穷小

5. 函数 $f(x)=\ln|(x-1)(x-2)(x-3)|$ 的导函数的零点的个数为( ).

(A)0 (B)1 (C)2 (D)3

三、计算下列极限：

1. $\lim\limits_{x \to 1} \dfrac{x^x - x}{\ln x - x + 1}$；

2. $\lim\limits_{x \to 0} \dfrac{e^x - e^{x\cos x}}{x\ln(1 + x^2)}$.

四、求函数 $f(x) = \begin{cases} \dfrac{x^3 - x}{\sin \pi x}, & x < 0 \\ \ln(1 + x) + \sin \dfrac{1}{x^2 - 1}, & x \geqslant 0 \end{cases}$ 的间断

点，并判定其类型.

五、设函数 $y = y(x)$ 由参数方程 $\begin{cases} x = f(e^{-t}) \\ y = f(e^t) \end{cases}$ 所确定，其中 f

二阶可导，且 $f'(1) = 1$，$f''(1) = 2$，求 $\dfrac{d^2 y}{dx^2}\bigg|_{t=0}$.

六、设函数 $f(x)$ 在 $x=0$ 处可导,且 $f(0) \neq 0, f'(0) \neq 0$,试确定常数 a, b 使 $af(2x) + bf(3x) + f(0) = o(x)$.

七、设函数 $f(x)$ 在 $[0,1]$ 上连续,在 $(0,1)$ 内可导,且 $f(0) = 0$, $f(1) = \dfrac{1}{4}$,证明:存在 $\xi \in \left(0, \dfrac{1}{2}\right), \eta \in \left(\dfrac{1}{2}, 1\right)$,使得 $f'(\xi) + f'(\eta) = \xi^3 + \eta^3$.

秋季学期期中考试测试题(二)

一、填空题

1. 已知当 $x \to 0$ 时,$4x - 4\sin x + \sin^2 x(1 - \cos x)$ 与 x^n 是同阶无穷小,则 $n = $ _____.

2. $\lim\limits_{n \to \infty} \left(\dfrac{2^n + 3^n}{n^3} \right)^{\frac{1}{n}} = $ _____.

3. 设 $\varphi(x)$ 是以 π 为周期的可导函数,且 $\lim\limits_{x \to 0} \dfrac{\varphi(x)}{x} = 1$,$f(x) = \sin 2x + \varphi(x)$,则曲线 $y = f(x)$ 在点 $(\pi, f(\pi))$ 处的法线方程为 _____.

4. 设函数 $f(x)$ 二阶可导,且 $f'(0) = -2$,又设 $F(x) = f(\sin x)$,则 $F''(0) = $ _____.

5. 函数 $f(x) = \ln(1 - 2x)$ 在 $x = 0$ 处的 n 阶导数 $f^{(n)}(0) = $ _____.

二、选择题

1. 设函数 $f(x)$ 在 $(-\infty, +\infty)$ 内单调有界,$\{x_n\}$ 为数列,则下列命题正确的是( ).

(A) 若 $\{x_n\}$ 收敛,则 $\{f(x_n)\}$ 收敛

(B) 若 $\{x_n\}$ 单调,则 $\{f(x_n)\}$ 收敛

(C) 若 $\{f(x_n)\}$ 收敛,则 $\{x_n\}$ 收敛

(D) 若 $\{f(x_n)\}$ 单调,则 $\{x_n\}$ 收敛

2. 设 $\lim\limits_{x \to x_0^-} f'(x) = \lim\limits_{x \to x_0^+} f'(x) = A$($A$ 为实数),则( ).

(A) $f(x)$ 在点 x_0 处必可导,且 $f'(x_0) = A$

(B) $f(x)$ 在点 x_0 处必连续,但未必可导

(C) $f(x)$ 在点 x_0 处必有极限,但未必连续

(D) 以上结论都不对

3. 设 $f(x) = \ln^{10} x$,$g(x) = x$,$h(x) = e^{\frac{x}{10}}$,则当 x 充分大时有( ).

(A) $g(x) < h(x) < f(x)$

(B) $h(x) < g(x) < f(x)$

(C) $f(x) < g(x) < h(x)$

(D) $g(x) < f(x) < h(x)$

4. 设函数 $f(x)$ 在区间 $(-\delta, \delta)$ 内有定义,若当 $x \in (-\delta, \delta)$ 时,恒有 $|f(x)| \leqslant x^2$,则 $x = 0$ 必是 $f(x)$ 的( ).

(A) 连续而不可导的点

(B) 间断点

(C) 可导点,且 $f'(0) = 0$

(D) 可导点,且 $f'(0) \neq 0$

5. 设 $f(x)$ 在 $[0,1]$ 上二阶可导,且 $f''(x) > 0$,则 $f'(0)$,$f'(1)$,$f(1) - f(0)$ 或 $f(0) - f(1)$ 的大小顺序是( ).

(A) $f'(1) > f'(0) > f(1) - f(0)$

(B) $f'(1) > f(1) - f(0) > f'(0)$

(C) $f(1) - f(0) > f'(1) > f'(0)$

(D) $f'(1) > f(0) - f(1) > f'(0)$

三、计算下列极限：

1. $\lim\limits_{n\to\infty}\left(\dfrac{\sqrt[n]{a}+\sqrt[n]{b}+\sqrt[n]{c}}{3}\right)^n$ $(a,b,c>0)$;

2. $\lim\limits_{x\to+\infty}\sqrt{x}\left(\sqrt{x+2}-2\sqrt{x+1}+\sqrt{x}\right)$.

四、设 $y=y(x)$ 是由方程 $y^3+xy+x^2-x-2=0$ 所确定的隐函数，计算极限 $\lim\limits_{x\to1}\dfrac{[y(x)-1]\ln x}{(x-1)^2}$.

五、设直角坐标 (x,y) 与极坐标 (r,θ) 满足关系式 $\begin{cases}x=r\cos\theta\\y=r\sin\theta\end{cases}$，若曲线的极坐标方程为 $r=3-2\sin\theta$，求该曲线上对应于 $\theta=\dfrac{\pi}{6}$ 处的切线与法线的直角坐标方程.

六、设函数 $f(x)$ 在 $[0,3]$ 上连续,在 $(0,3)$ 内可导,且 $f(0)+f(1)+f(2)=3$,$f(3)=1$,证明:存在 $\xi \in (0,3)$ 使得 $f'(\xi)=0$.

七、设函数 $f(x)$ 在 $[a,+\infty)$ 上连续,在 $(a,+\infty)$ 内二阶可导,且存在 $b \in (a,+\infty)$ 使得 $f(a)=f(b)<\lim\limits_{x \to +\infty} f(x)$,证明:至少存在一点 $\xi \in (a,+\infty)$,使得 $f''(\xi)>0$.

秋季学期期中考试测试题(三)

一、填空题

1.已知一个长方形的长 l 以 2 cm/s 的速率增加,宽 w 以 3 cm/s 的速率增加,则当 $l=12$ cm,$w=5$ cm 时,它的对角线增加的速率为_____.

2.设函数 $f(x)=\begin{cases}(\cos x+a\sin^2 x)^{\frac{1}{x^2}}, & x>0 \\ e^{x-a}, & x\leqslant 0\end{cases}$ 在点 $x=0$ 处连续,则 $a=$_____.

3.设 $f(x)=e^{2-x^2}$,$f(g(x))=2-\cos x$,且 $g(x)<0$,则 $g'(x)=$_____.

4.设函数 $f(x)$ 在 $x=-1$ 处具有二阶导数,且 $\lim\limits_{x\to-1}\dfrac{f(x)+3}{(x+1)^2}=2$,则 $f(-1)+f'(-1)+f''(-1)=$_____.

5.设函数 $f(x)=\dfrac{1}{2x^2-3x-5}$,则其 n 阶导数 $f^{(n)}(x)=$_____.

二、选择题

1.设函数 $f(x)$ 和 $g(x)$ 在 $(-\infty,+\infty)$ 上有定义,且 $\lim\limits_{x\to x_0}g(x)=u_0$,$\lim\limits_{u\to u_0}f(u)=A$,则(   ).

(A) $\lim\limits_{x\to x_0}f(g(x))=A$

(B) 当 $g(x)$ 在点 x_0 处连续时,有 $\lim\limits_{x\to x_0}f(g(x))=A$

(C) 当 $f(u)$ 在点 u_0 处连续时,有 $\lim\limits_{x\to x_0}f(g(x))=A$

(D) $\lim\limits_{x\to x_0}f(g(x))$ 一定不等于 A

2.设函数 $f(x)=\dfrac{\ln|x|}{|x-1|}\sin x$,则 $f(x)$ 有(   ).

(A)1 个可去间断点,1 个跳跃间断点

(B)2 个跳跃间断点

(C)1 个可去间断点,1 个无穷间断点

(D)2 个无穷间断点

3.函数 $f(x)=|x^3+x^2-2x|\sin(x-1)$ 不可导点的个数是(   ).

(A)1   (B)2   (C)3   (D)4

4.设函数 $f(x)$ 在 $(-\delta,\delta)$ 上有定义,$f(0)=1$,且满足 $\lim\limits_{x\to 0}\dfrac{\ln(1-2x)+2xf(x)}{x^2}=0$,则 $f(x)$ 在 $x=0$ 处(   ).

(A) 连续,但不一定可微

(B) 可微,且 $f'(0)=1$

(C) 可微,且 $f'(0)=0$

(D) 可微,但 $f'(0)$ 不确定

5.设函数 $f(x)$ 可导,则下列结论中正确的是(   ).

(A) 若 $f(x)$ 在 (a,b) 上有界,则 $f'(x)$ 在 (a,b) 上也有界

(B) 若 $f'(x)$ 在 (a,b) 上有界,则 $f(x)$ 在 (a,b) 上也有界

(C) 若 $f(x)$ 在 $(0,+\infty)$ 上有界,则 $f'(x)$ 在 $(0,+\infty)$ 上也有界

(D) 若 $f'(x)$ 在 $(0,+\infty)$ 上有界,则 $f(x)$ 在 $(0,+\infty)$ 上也有界

三、计算下列极限：

1. $\lim\limits_{x \to +\infty} \ln(1 + 2^x) \ln\left(1 + \dfrac{3}{x}\right)$；

2. $\lim\limits_{x \to 0} e^{-x} \left(1 + \dfrac{1}{x}\right)^{x^2}$.

四、设 $a_1 = -4, a_{n+1} = \sqrt{a_n + 6}, n = 1, 2, \cdots$，证明：数列 $\{a_n\}$ 收敛，并求其极限.

五、设函数 $f(x) = \begin{cases} \dfrac{\ln(1+x)}{x} + \dfrac{x}{2}, x > 0 \\ a, x = 0 \\ \dfrac{\sin(bx)}{x} + cx, x < 0 \end{cases}$ 在区间 $(-\infty, +\infty)$ 内可导，求常数 a, b, c.

六、设函数 $f(x)$ 在 (a,b) 内连续，$g(x)$ 在 (a,b) 内有定义，且 $g(x)>0$，$x_1,x_2,\cdots,x_n$ 为 (a,b) 内任意 n 个点，证明：至少存在一点 $\xi \in (a,b)$，使 $\sum_{i=1}^{n} f(x_i)g(x_i)=f(\xi)\sum_{i=1}^{n} g(x_i)$.

七、设函数 $f(x)$ 在 $[0,1]$ 上连续，在 $(0,1)$ 内可导，且 $f(0)f(1)<0$，证明：至少存在一点 $\xi \in (0,1)$，使得 $f(\xi)=(e^{-\xi}-1)f'(\xi)$.

秋季学期期中考试测试题(四)

一、填空题

1. 设 $f(x)$ 是可导的奇函数,且 $f'(x_0)=-3$,则 $f'(-x_0)=$ _____.

2. 设函数 $f(x)$ 满足 $f(x)=\dfrac{1}{x}\left(\sin x+\dfrac{\cos x-1}{x}\lim_{x\to 0}f(x)\right)$,则 $f(x)=$ _____.

3. 设函数 $f(x)=\lim\limits_{n\to\infty}\dfrac{x^{2n+1}+(a-x)x^n-1}{x^{2n}-ax^n-1}$ 在 $[0,+\infty)$ 上连续,则常数 $a=$ _____.

4. 若曲线 $y=x^2+ax+b$ 和 $2y=-1+xy^3$ 在点 $(1,-1)$ 处相切,其中 a,b 是常数,则 $a=$ _____,$b=$ _____.

5. 函数 $f(x)=x^2\ln(1+x)$ 在点 $x=0$ 处的 $n(n\geqslant 3)$ 阶导数 $f^{(n)}(0)=$ _____.

二、选择题

1. "对于任给的 $\varepsilon\in(0,1)$,存在正数 δ,使得当 $0<|x-x_0|\leqslant\delta$ 时,恒有 $|f(x)-A|\leqslant 2\varepsilon$" 是 $\lim\limits_{x\to x_0}f(x)=A$ 的( ).

(A) 充分条件,但非必要条件

(B) 必要条件,但非充分条件

(C) 充分条件

(D) 既非充分条件,又非必要条件

2. 设 $x_n\leqslant a\leqslant y_n$,且 $\lim\limits_{n\to\infty}(y_n-x_n)=0$,则数列 $\{x_n\}$ 和 $\{y_n\}$( ).

(A) 都收敛于 a

(B) 都收敛,但不一定收敛于 a

(C) 可能收敛,也可能发散

(D) 都发散

3. 设当 $x\to 0$ 时,$(1-\cos x)\ln(1+x^2)$ 是比 $x\sin x^n$ 高阶的无穷小,而 $x\sin x^n$ 是比 $e^{x^2}-1$ 高阶的无穷小,则正整数 $n=$ ( ).

(A)1   (B)2   (C)3   (D)4

4. 设函数 $f(x)=\lim\limits_{n\to\infty}\dfrac{1+x}{1+x^{2n}}$,则 $f(x)$( ).

(A) 不存在间断点

(B) 存在间断点 $x=1$

(C) 存在间断点 $x=0$

(D) 存在间断点 $x=-1$

5. 设函数 $f(x)$ 在点 a 的某邻域内有定义,则 $f(x)$ 在点 a 处可导的充要条件是( ).

(A) $\lim\limits_{x\to 0}\dfrac{f(a+x^2)-f(a)}{\sin^2 x}$ 存在

(B) $\lim\limits_{x\to 0}\dfrac{f(a+x)-f(a-x)}{x}$ 存在

(C) $\lim\limits_{x\to 0}\dfrac{f(a+\sin x)-f(a)}{e^x-1}$ 存在

(D) $\lim\limits_{x\to 0}\dfrac{f(a+x^2\sin x)-f(a)}{x^2}$ 存在

三、计算下列极限：

1. $\lim\limits_{x \to 0} \left(\dfrac{2}{x^2} - \dfrac{1}{1 - \cos x} \right)$；

2. $\lim\limits_{n \to \infty} n \left[\left(1 + \dfrac{1}{n} \right)^n - e \right]$.

四、设函数 $x = e^y + y - \sin y$ 的反函数为 $y = y(x)$，求 $\dfrac{\mathrm{d}^2 y}{\mathrm{d}x^2}$.

五、设函数 $f(x) = \begin{cases} \dfrac{g(x) - e^{-x}}{x}, & x \neq 0 \\ 0, & x = 0 \end{cases}$，其中 $g(x)$ 具有二阶

连续导数，且 $g(0) = 1$，$g'(0) = -1$.

(1) 求 $f'(x)$；

(2) 讨论 $f'(x)$ 在 $(-\infty, +\infty)$ 上的连续性.

六、设 n 是正整数且 $n \geqslant 2$.

（1）证明：方程 $x^n + x^{n-1} + \cdots + x = 1$ 在区间 $(0,1)$ 内有唯一实根 x_n；

（2）证明：数列 $\{x_n\}$ 收敛，并求其极限.

七、设函数 $f(x)$ 在 $[a,b]$ 上具有二阶导数，且 $f(a)=f(b)=0$，又设 $\varphi(x)=(x-a)f(x)$，证明：至少存在一点 $\xi \in (a,b)$，使得 $\varphi''(\xi)=0$.

秋季学期期中考试测试题(五)

一、填空题

1.已知函数 $f(x) = \dfrac{e^x - b}{(x-a)(x-b)}$ 有无穷间断点 $x = e$ 以及可去间断点 $x = 1$,其中 a,b 是常数,则 $a =$ _____,$b =$ _____.

2.已知 $\lim\limits_{n \to \infty} \left(\dfrac{2+n}{3+n}\right)^{-2n} = a$,则 $\lim\limits_{x \to 0} \dfrac{1 - \cos(ax) + x^3 \sin\dfrac{1}{x}}{(1 + \cos x)\ln(1+x^2)} =$ _____.

3.设函数 $g(x)$ 可微,$h(x) = e^{1+g(x)}$,$h'(1) = 1$,$g'(1) = 2$,则 $g(1) =$ _____.

4.设函数 $f(x) = \lim\limits_{n \to \infty} \sqrt[n]{1 + (|x|)^n + \left(\dfrac{x^2}{2}\right)^n}$,则 $f(x) =$ _____.

5.设函数 $y = y(x)$ 连续,且自变量在点 x 处取增量 Δx 时相应的函数增量 Δy 满足 $\Delta y = xy^2 \Delta x + x^2 y \Delta x \Delta y + o(\Delta x)$,则 $dy =$ _____.

二、选择题

1.设 $\{a_n\}$,$\{b_n\}$,$\{c_n\}$ 均为非负数列,且 $\lim\limits_{n \to \infty} a_n = 0$,$\lim\limits_{n \to \infty} b_n = 1$,$\lim\limits_{n \to \infty} c_n = \infty$,则必有( ).

(A) $a_n < b_n$,对任意 n 都成立

(B) $b_n < c_n$,对任意 n 都成立

(C) $\lim\limits_{n \to \infty} a_n b_n$ 不存在

(D) $\lim\limits_{n \to \infty} b_n c_n$ 不存在

2.设函数 $f(x)$ 在 $x = 0$ 处有连续导数,则 $f(|x|)$ 在 $x = 0$ 处( ).

(A) 不一定连续

(B) 连续,但不一定可导

(C) 可导

(D) 一定不可导

3.设函数 $y = f(x)$ 二阶可导,且 $f'(x) < 0$,$f''(x) < 0$,又 $\Delta y = f(x + \Delta x) - f(x)$,$dy = f'(x)\Delta x$,则当 $\Delta x > 0$ 时,有( ).

(A) $\Delta y > dy > 0$

(B) $\Delta y < dy < 0$

(C) $dy > \Delta y > 0$

(D) $dy < \Delta y < 0$

4.下述结论中正确的是( ).

(A) 若 $f(x)$ 在点 x_0 处连续,$g(x)$ 在点 x_0 处不连续,则 $f(x) + g(x)$ 在点 x_0 处可能连续

(B) 若 $f(x)$ 在点 x_0 处连续,$g(x)$ 在点 x_0 处不连续,则 $\dfrac{f(x)}{g(x)}$ 在点 x_0 处一定不连续

(C) 若 $f(x)$ 在点 x_0 处连续,则 $|f(x)|$ 在点 x_0 处也连续

(D) 若 $|f(x)|$ 在点 x_0 处连续,则 $f(x)$ 在点 x_0 处也连续

5.设函数 $f(x)$ 在区间 $[a,b]$ 上可导,且 $f'_+(a) > 0$,$f'_-(b) < 0$,则下述结论中错误的是( ).

(A) 至少存在一点 $x_0 \in (a,b)$,使得 $f(x_0) > f(a)$

(B) 至少存在一点 $x_0 \in (a,b)$，使得 $f(x_0) > f(b)$

(C) 至少存在一点 $x_0 \in (a,b)$，使得 $f'(x_0) = 0$

(D) 至少存在一点 $x_0 \in (a,b)$，使得 $f(x_0) = 0$

三、计算下列极限：

1. $\lim\limits_{x \to 0} \dfrac{[\sin x - \sin(\sin x)] \sin x}{x^4}$；

2. $\lim\limits_{x \to \infty} \left[x - (x^2 + x + 1) \ln\left(1 + \dfrac{1}{x}\right) \right]$.

四、已知函数 $f(u)$ 具有二阶导数，且 $f'(0) = 1$，函数 $y = y(x)$ 由方程 $y - x e^{y-1} = 1$ 所确定，设 $z = f(\ln y - \sin x)$，求 $\left.\dfrac{\mathrm{d}z}{\mathrm{d}x}\right|_{x=0}$，$\left.\dfrac{\mathrm{d}^2 z}{\mathrm{d}x^2}\right|_{x=0}$.

五、设函数 $f(x)$ 在 $x = 0$ 的某邻域内具有二阶连续导数，且 $f(0)f'(0)f''(0) \neq 0$，当 $h \to 0$ 时，试确定一组实数 $\lambda_1, \lambda_2, \lambda_3$，使 $\lambda_1 f(h) + \lambda_2 f(2h) + \lambda_3 f(3h) - f(0)$ 是比 h^2 高阶的无穷小.

六、设 $f(x)$ 和 $g(x)$ 互为反函数.

(1) 若 $f(2)=3, f'(2)=1, f''(2)=4$, 求 $g''(3)$.

(2) 若 $g(x)$ 二阶可导, 且 $g'(x) \neq 0$, $(g'(x))^2 - g''(x) = 0$,
计算 $f''(x) + f'(x)$.

七、设函数 $f(x)$ 在闭区间 $[0,1]$ 上连续, 在开区间 $(0,1)$ 内
二阶可导, 且 $\lim\limits_{x \to 0^+} \dfrac{f(x)}{x} = 1$, $\lim\limits_{x \to 1^-} \dfrac{f(x)}{x-1} = 2$, 证明:

(1) 存在 $\xi \in (0,1)$, 使得 $f(\xi) = 0$;

(2) 存在 $\eta \in (0,1)$, 使得 $f''(\eta) = f(\eta)$.

秋季学期期中考试测试题(六)

一、填空题

1. 已知极限 $\lim\limits_{x\to 0}\left(\dfrac{3+\mathrm{e}^{\frac{1}{x}}}{1+\mathrm{e}^{\frac{2}{x}}}+\dfrac{\sin(ax)}{|x|}\right)$ 存在,则常数 $a=$

_____.

2. 设 $y=y(x)$ 是由方程 $2y-x=(x-y)\ln(x-y)$ 所确定的隐函数,则其微分 $\mathrm{d}y=$ _____.

3. 设 $f(x)=3x^2+x^2|x|$,则使函数 $f(x)$ 在 $x=0$ 处的 n 阶导数 $f^{(n)}(0)$ 存在的最高阶数 $n=$ _____.

4. 设曲线的参数方程表达式为 $\begin{cases} x=\dfrac{3}{\pi}(1+t^2) \\ y=2\cos t \end{cases}$,则其平行于直线 $y=x$ 的法线方程为 _____.

5. 设函数 $f(x)$ 在 $x=0$ 处可导,$f'(0)\neq 0$,且对于任意 $x\neq 0$,存在介于 0 与 x 之间的一点 ξ,使得 $f(x)-f(0)=2f(\xi)$,则 $\lim\limits_{x\to 0}\dfrac{\xi}{x}=$ _____.

二、选择题

1. 设函数 $f(x)=\lim\limits_{n\to\infty}\dfrac{x^2+nx(1-x)\sin^2(\pi x)}{1+n\sin^2(\pi x)}$,则( ).

(A) $f(x)$ 不存在间断点

(B) $f(x)$ 只存在可去间断点

(C) $f(x)$ 只存在跳跃间断点

(D) $f(x)$ 只存在无穷间断点

2. 已知当 $n\to\infty$ 时,$\mathrm{e}^{1-\cos\frac{1}{n}}-1\sim a\tan\dfrac{\pi}{n^k}$,则( ).

(A) $a=\dfrac{1}{2\pi},k=2$

(B) $a=\dfrac{1}{2\pi},k=-2$

(C) $a=-\dfrac{1}{2\pi},k=2$

(D) $a=-\dfrac{1}{2\pi},k=-2$

3. 已知当 $x\to x_0$ 时 $f(x)$ 不是无穷大,则下述结论正确的是( ).

(A) 若当 $x\to x_0$ 时 $g(x)$ 是无穷小,则 $f(x)g(x)$ 必是无穷小

(B) 若当 $x\to x_0$ 时 $g(x)$ 不是无穷小,则 $f(x)g(x)$ 必不是无穷小

(C) 若在点 x_0 的某邻域内 $g(x)$ 无界,则当 $x\to x_0$ 时,$f(x)g(x)$ 必是无穷大

(D) 若在点 x_0 的某邻域内 $g(x)$ 有界,则当 $x\to x_0$ 时,$f(x)g(x)$ 必不是无穷大

4. 设 $f(x)=\begin{cases} \dfrac{2x^2}{3}, & x\leqslant 1 \\ x^2, & x>1 \end{cases}$,则 $f(x)$ 在 $x=1$ 处的( ).

(A) 左、右导数都存在

(B) 左导数存在,但右导数不存在

(C) 左导数不存在,但右导数存在

(D) 左、右导数都不存在

5. 设函数 $f(x)$ 在 $x=0$ 处可导,且 $f(0)=0$,则 $\lim\limits_{x \to 0} \dfrac{x^2 f(x) - 2f(x^3)}{x^3} =$

（　　）.

(A) $-2f'(0)$　　　　(B) $-f'(0)$

(C) $f'(0)$　　　　　(D) 0

三、计算下列极限:

1. $\lim\limits_{n \to \infty} \left(\dfrac{1}{1 \cdot 2 \cdot 3} + \dfrac{1}{2 \cdot 3 \cdot 4} + \cdots + \dfrac{1}{n \cdot (n+1) \cdot (n+2)} \right)$;

2. $\lim\limits_{x \to +\infty} (x^{\frac{1}{x}} - 1)^{\frac{1}{\ln x}}$.

四、设函数 $f(x) = \begin{cases} \sqrt{1-4x-x^2}, & -4 \leqslant x < 0 \\ x^3 - x^2 - 2x + 1, & 0 \leqslant x \leqslant 1 \end{cases}$,问 $f(x)$

在区间 $[-4,1]$ 上是否满足拉格朗日中值定理的条件？ 若满足条件,求出定理中的中间值 ξ.

五、设函数 $f(x)$ 在区间 $(-1,1)$ 内具有二阶导数,且满足

$\lim\limits_{x \to 0} \dfrac{\mathrm{e}^{\frac{f(x)}{x}} - 1}{\ln(\mathrm{e}^{\sin x} + 2x)} = 3$,求 $f(0), f'(0), f''(0)$.

六、设 $f(x)$ 是 $(-\infty, +\infty)$ 上的可导函数,且在点 $x=0$ 的某去心邻域内满足 $f(e^{x^2}) - 3f(1+\sin^2 x) = 2x^2 + o(x^2)$.

(1) 当 $f(x)$ 是偶函数时,求曲线 $y=f(x)$ 在点 $(-1, f(-1))$ 处的切线方程;

(2) 当 $f(x)$ 是周期为 5 的周期函数时,求曲线 $y=f(x)$ 在点 $(6, f(6))$ 处的法线方程.

七、设函数 $f(x), g(x)$ 在 $[0,1]$ 上可导,且 $f(0) = g(0)$,$f(1) > g(1)$,$f'(0) < g'(0)$,证明:存在 $\xi \in (0,1)$,使得 $f(\xi) = g(\xi)$.

(D) 点$(0,0)$是曲线 $y=f(x)$ 的拐点

3. 设常数 $k>0$, 则函数 $f(x)=\ln x-\dfrac{x}{e}+k$ 在区间$(0,$

$+\infty)$ 内的零点个数为(　　).

(A)0　　　(B)1　　　(C)2　　　(D)3

4. 设 $M=\displaystyle\int_{-\frac{\pi}{2}}^{\frac{\pi}{2}}\dfrac{\sin x}{1+x^2}\cos^4 x\,\mathrm{d}x$, $N=\displaystyle\int_{-\frac{\pi}{2}}^{\frac{\pi}{2}}(\sin^3 x+\cos^4 x)\,\mathrm{d}x$,

$P=\displaystyle\int_{-\frac{\pi}{2}}^{\frac{\pi}{2}}(x^2\sin^3 x-\cos^4 x)\,\mathrm{d}x$, 则(　　).

(A)$N<P<M$　　　　(B)$M<P<N$

(C)$P<N<M$　　　　(D)$P<M<N$

5. 曲线 $\begin{cases} x=t^2 \\ y=3t+t^3 \end{cases}$ $(0<t<+\infty)$ 的上凸区间是(　　).

(A)$(0,1)$　　　　　　(B)$(1,+\infty)$

(C)$(0,2)$　　　　　　(D)$(2,+\infty)$

三、计算下列积分：

1. $\displaystyle\int_0^1\dfrac{x+3}{x^2+2x+5}\mathrm{d}x$;

秋季学期期末考试测试题(一)

一、填空题

1. 微分方程 $y'=\dfrac{1+y^2}{xy+x^3 y}$ 的通解为_____.

2. 曲线 $x^2-xy+2y^2=4$ 在点$(2,1)$ 处的曲率是_____.

3. 曲线 $r=e^{a\theta}(a>0)$ 上相应于 θ 从 0 变到 2π 的一段弧与极轴所围成图形的面积为_____.

4. 设 $f(x)=x^2\cos x^2$, 则 $f^{(10)}(0)=$_____.

5. 已知 $g(x)$ 是以 T 为周期的连续函数, 且 $g(0)=1$, 设 $f(x)=\displaystyle\int_0^{2x}|x-t|g(t)\mathrm{d}t$, 则 $f'(T)=$_____.

二、选择题

1. 设函数 $f(x)$ 在$(-\infty,+\infty)$ 上连续, 则 $\mathrm{d}\displaystyle\int f(x)\mathrm{d}x=$
(　　).

(A)$f(x)$　　　　　　(B)$f(x)\mathrm{d}x$

(C)$f(x)+C$　　　　(D)$f'(x)\mathrm{d}x$

2. 设函数 $f(x)$ 在点 $x=0$ 的某邻域内连续, 且 $\displaystyle\lim_{x\to 0}\dfrac{f(x)}{\sin^2 x}=1$,
则(　　).

(A)$f(x)$ 在 $x=0$ 处取极大值

(B)$f(x)$ 在 $x=0$ 处取极小值

(C)$f(x)$ 在 $x=0$ 处不取极值

2. $\int x^2 \arcsin x \, dx$；

3. 设 $f(x) = \begin{cases} x^2+1, & x<0 \\ e^{-x}, & x \geqslant 0 \end{cases}$，求 $\int_1^3 f(x-2) \, dx$.

四、设函数 $f(x)$ 在 $(-1,1)$ 内二阶可导，且 $f''(x)>0$，$\lim\limits_{x\to 0} \dfrac{f(x)-\ln(1+x)}{x}=2$，证明：当 $x\in(-1,1)$ 时，$f(x)\geqslant 3x$.

五、设函数 $y=f(x)$ 由方程 $y^3+xy^2+x^2y+6=0$ 确定，求 $f(x)$ 的极值.

六、求曲线 $\begin{cases} x = t - \sin t \\ y = e^t \end{cases}$ $(0 \leqslant t \leqslant 2\pi)$ 绕 x 轴旋转一周所得

旋转体的体积.

七、设函数 $f(x)$ 在 $[0,3]$ 上连续,在 $(0,3)$ 内二阶可导,且

$2f(0) = \int_0^2 f(x)\mathrm{d}x = f(2) + f(3)$,证明:

(1) 存在 $\eta \in (0,2)$,使 $f(\eta) = f(0)$;

(2) 存在 $\xi \in (0,3)$,使 $f''(\xi) = 0$.

秋季学期期末考试测试题(二)

一、填空题

1.设 $f(x^2-1)=\ln\dfrac{x^2}{x^2-2}$,且 $f(g(x))=\ln x$,则 $\displaystyle\int g(x)\mathrm{d}x=$ _____.

2.曲线 $y=\dfrac{x|x|}{(x-1)(x+2)}$ 的渐近线共有 _____ 条.

3.$\displaystyle\int_{-\pi}^{\pi}\left(\dfrac{x^2\sin x}{\sqrt{1+x^2+x^4}}+|x|\right)\mathrm{d}x=$ _____.

4.设一圆锥形蓄水池,深 15 m,口径 20 m,今以唧筒将水吸尽,需做功 _____ kJ.

5.$\displaystyle\lim_{n\to\infty}\dfrac{1}{n^3}\sum_{i=1}^{n-1}i\sqrt{n^2-i^2}=$ _____.

二、选择题

1.曲线 $y=(x-1)(x-2)^2(x-3)^3(x-4)^4$ 的拐点是( ).

(A)$(1,0)$ (B)$(2,0)$

(C)$(3,0)$ (D)$(4,0)$

2.设 $F(x)=\displaystyle\int_{x}^{x+2\pi}\mathrm{e}^{\sin t}\sin t\,\mathrm{d}t$,则( ).

(A)$F(x)\equiv 0$

(B)$F(x)$ 是变量

(C)$F(x)$ 是正常数

(D)$F(x)$ 是负常数

3.曲线 $y=\dfrac{1}{x}$,$y=x$,$x=2$ 所围成的图形的面积为 S,则 $S=$( ).

(A)$\displaystyle\int_{1}^{2}\left(\dfrac{1}{x}-x\right)\mathrm{d}x$

(B)$\displaystyle\int_{2}^{1}\left(\dfrac{1}{x}-x\right)\mathrm{d}x$

(C)$\displaystyle\int_{1}^{2}\left(2-\dfrac{1}{y}\right)\mathrm{d}y+\int_{0}^{1}(2-x)\mathrm{d}x$

(D)$\displaystyle\int_{1}^{2}\left(2-\dfrac{1}{y}\right)\mathrm{d}y+\int_{1}^{2}(2-x)\mathrm{d}x$

4.设 $I=\displaystyle\int_{0}^{\frac{\pi}{4}}\ln\sin x\,\mathrm{d}x$,$J=\displaystyle\int_{0}^{\frac{\pi}{4}}\ln\cot x\,\mathrm{d}x$,$K=\displaystyle\int_{0}^{\frac{\pi}{4}}\ln\cos x\,\mathrm{d}x$,则 I,J,K 的大小关系为( ).

(A)$I<J<K$

(B)$I<K<J$

(C)$J<I<K$

(D)$K<J<I$

5.已知函数 $y=y(x)$ 在任意点 x 处的增量 $\Delta y=\dfrac{y}{1+x^2}\Delta x+\alpha$,且当 $\Delta x\to 0$ 时,α 是 Δx 的高阶无穷小,$y(0)=\pi$,则 $y(1)=$( ).

(A)2π (B)π (C)$\mathrm{e}^{\frac{\pi}{4}}$ (D)$\pi\mathrm{e}^{\frac{\pi}{4}}$

三、计算下列积分：

1. $\displaystyle\int \frac{\mathrm{d}x}{\sin x + \cos x}$;

2. $\displaystyle\int_0^{\pi^2} \sqrt{x}\cos\sqrt{x}\,\mathrm{d}x$;

3. 设函数 $f(x) = \displaystyle\int_0^{\pi} \frac{\sin t}{\pi - t}\mathrm{d}t$, 求 $\displaystyle\int_0^{\pi} f(x)\mathrm{d}x$.

四、求微分方程 $y''[x + (y')^2] = y'$ 满足条件 $y(1) = y'(1) = 1$ 的特解.

五、求函数 $f(x) = \displaystyle\int_0^1 |t - x^2|\,\mathrm{d}t$ 的极值.

六、设曲线的方程为 $y = \mathrm{e}^{-x}(x \geqslant 0)$.

（1）把该曲线与直线 $x = \xi(\xi > 0)$ 和两坐标轴所围的平面图形绕 x 轴旋转一周，得一旋转体，求此旋转体的体积 $V(\xi)$，并求满足 $V(a) = \dfrac{1}{2} \lim\limits_{\xi \to +\infty} V(\xi)$ 的常数 a；

（2）在此曲线上找一点，使过该点的切线与两坐标轴所围图形的面积最大，并求此面积.

七、设 n 是正整数.

（1）比较 $\displaystyle\int_0^1 |\ln t| [\ln(1+t)]^n \mathrm{d}t$ 与 $\displaystyle\int_0^1 t^n |\ln t| \mathrm{d}t$ 的大小，说明理由；

（2）求 $\displaystyle\lim_{n \to \infty} \int_0^1 |\ln t| [\ln(1+t)]^n \mathrm{d}t$.

秋季学期期末考试测试题（三）

一、填空题

1. 设函数 $f(x)$ 连续，则 $\int_{-1}^{1} \ln \frac{2-x}{2+x} [f(x) + f(-x)] \, \mathrm{d}x =$ _____.

2. 曲线 $y = \ln x$ 在点 _____ 处的曲率半径最小.

3. 曲线 $y = x^3 - 5x^2 + 3x + 5$ 的上凸区间为 _____.

4. 设函数 $y = y(x)$ 由方程 $\begin{cases} x = \arctan t \\ \int_0^y \mathrm{e}^{u^2} \mathrm{d}u + \int_t^1 \frac{\cos u}{1+u^2} \mathrm{d}u = 0 \end{cases}$ 所确定，则 $\dfrac{\mathrm{d}y}{\mathrm{d}x} =$ _____.

5. 函数 $y = \dfrac{x^2}{\sqrt{1-x^2}}$ 在区间 $\left[\dfrac{1}{2}, \dfrac{\sqrt{3}}{2} \right]$ 上的平均值为 _____.

二、选择题

1. 设 $\lim\limits_{x \to a} \dfrac{f(x) - f(a)}{(x-a)^{\frac{1}{3}}} = 1$，则函数 $f(x)$ 在点 a 处（ ）.

(A) 取极大值   (B) 取极小值

(C) 可导   (D) 不可导

2. 设函数 $f(x)$ 在 $[a,b]$ 上二阶可导，且 $f(x) > 0$，则使不等式 $f(b)(b-a) < \int_a^b f(x) \, \mathrm{d}x < \dfrac{1}{2}(b-a)(f(a)+f(b))$ 成立的条件是（ ）.

(A) $f'(x) < 0, f''(x) < 0$

(B) $f'(x) < 0, f''(x) > 0$

(C) $f'(x) > 0, f''(x) > 0$

(D) $f'(x) > 0, f''(x) < 0$

3. 把质量为 M 的冰块沿地面匀速地推过距离 s，速度是 v，冰块的质量在单位时间内减少 m，设摩擦系数为 μ，则在整个过程中克服摩擦力做的功为（ ）.

(A) $\mu g s \left(M - \dfrac{ms}{2v} \right)$

(B) $\dfrac{1}{2} \mu g s \left(M - \dfrac{ms}{v} \right)$

(C) $\mu g s \left(M - \dfrac{2ms}{v} \right)$

(D) $\mu g s \left(M - \dfrac{mv}{3s} \right)$

4. $\int_{-1}^{1} (1 + \mathrm{e}^{\frac{1}{x}})^{-2} \mathrm{e}^{\frac{1}{x}} \dfrac{1}{x^2} \mathrm{d}x$ 的值为（ ）.

(A) $\dfrac{1-\mathrm{e}}{1+\mathrm{e}}$ (B) 0

(C) $\dfrac{1-\mathrm{e}}{1+\mathrm{e}} + 1$ (D) 以上均不对

5. 设可导函数 $f(x)$ 满足 $\int_0^x f(t) \, \mathrm{d}t = x + \int_0^x t f(x-t) \, \mathrm{d}t$，则 $f(x) = $（ ）.

(A) e^x (B) $-\mathrm{e}^{-x}$

(C) e^{-x} (D) $-\mathrm{e}^x$

三、计算下列积分：

1. $\int \dfrac{x+\ln(1-x)}{x^2}\,\mathrm{d}x$；

2. $\int_0^{\frac{3\pi}{4}} \dfrac{\mathrm{d}x}{1+\sin^2 x}$；

3. 设 $\int_0^{+\infty} f(x)\,\mathrm{d}x$ 收敛，且 $f(x)=x^3\mathrm{e}^{-x^2}+\dfrac{1}{\pi(1+x^2)}\cdot$

$\int_0^{+\infty} f(x)\,\mathrm{d}x$，求 $\int_0^{+\infty} f(x)\,\mathrm{d}x$.

四、求曲线 $y=\dfrac{x^2\arctan x}{x-1}-x$ 的渐近线.

五、求函数 $f(x)=\int_1^{x^2}(x^2-t)\,\mathrm{e}^{-t^2}\,\mathrm{d}t$ 的单调区间与极值.

六、设函数 $f(x)$ 在 $[0,1]$ 上连续,在 $(0,1)$ 内大于零,并满足方程 $xf'(x)=f(x)+\dfrac{3a}{2}x^2$($a$ 为常数),又曲线 $y=f(x)$ 与直线 $x=1,y=0$ 所围图形的面积为 2,问 a 为何值时,该图形绕 x 轴旋转一周所得旋转体的体积最小?

七、设 $f(x)$ 在 $[a,b]$ 上连续,$g(x)$ 在 $[a,b]$ 上可积且正负号不变,证明:存在 $\xi \in [a,b]$,使得 $\displaystyle\int_a^b f(x)g(x)\mathrm{d}x = f(\xi)\displaystyle\int_a^b g(x)\mathrm{d}x$.

秋季学期期末考试测试题(四)

一、填空题

1. $\int_1^{+\infty} \dfrac{\ln x}{x^2}\mathrm{d}x = $ _____.

2. $\dfrac{\mathrm{d}}{\mathrm{d}x}\int_{x^2}^0 x\cos t^2\,\mathrm{d}t = $ _____.

3. 设曲线 $y=x^a$ 与 $x=y^a(a>0)$ 在第一象限所围平面图形的面积为 $\dfrac{1}{3}$,则常数 $a=$ _____.

4. 设函数 $f(x)$ 在 $[0,1]$ 上连续,且 $f(x)=\dfrac{1}{1+x^2}+\sqrt{1-x^2}\int_0^1 f(x)\mathrm{d}x$,则 $f(x)=$ _____.

5. 微分方程 $xy'=y(\ln y-\ln x)$ 的通解为 _____.

二、选择题

1. 函数 $\dfrac{\cos 2x}{1+\sin x\cos x}$ 的一个原函数是( ).

(A)$\ln(2+\sin 2x)$

(B)$\ln(1+\sin 2x)$

(C)$\ln|x+\sin 2x|$

(D)$\ln(2-\sin 2x)$

2. 设 $f(x)=\begin{cases}x+1,0\leqslant x\leqslant\dfrac{1}{2}\\ x-1,\dfrac{1}{2}<x\leqslant 1\end{cases}$,则 $F(x)=\int_0^x f(t)\mathrm{d}t$ 在 $(0,$

1) 上( ).

(A) 无界

(B) 单调递减

(C) 是 $f(x)$ 的一个原函数

(D) 连续

3. 设函数 $f(x)$ 有 n 阶导数,且有 $2n$ 个不同的极值点,则方程 $f^{(n)}(x)=0$ 至少有( ).

(A)$n-1$ 个实根

(B)n 个实根

(C)$n+1$ 个实根

(D)$n+2$ 个实根

4. 曲线 $y=x^2(\arcsin x+\arccos x)$ 与直线 $x=-1,x=1,y=0$ 所围成平面图形的面积为( ).

(A) $\dfrac{2}{3}$ (B)$\ln 5$

(C) $\dfrac{\pi}{6}$ (D) $\dfrac{\pi}{2}$

5. 设 $F(x)=\int_0^x xf(x-t)\mathrm{d}t$,其中 $f(x)$ 为连续函数,$f(0)=0,f'(x)>0$,则 $y=F(x)$ 在区间 $(0,+\infty)$ 上是( ).

(A) 单调递增且为下凸的

(B) 单调递增且为上凸的

(C) 单调递减且为下凸的

(D) 单调递减且为上凸的

三、计算下列积分：

1. $\int \dfrac{3\cos x - \sin x}{\cos x - 2\sin x}\mathrm{d}x$；

2. $\int \dfrac{\mathrm{e}^x(1+\sin x)}{1+\cos x}\mathrm{d}x$；

3. 已知函数 $f(x)$ 在 $(-\infty,+\infty)$ 上满足 $f(x)=f(x-\pi)+\sin x$，且 $f(x)=x$，$x\in[0,\pi)$，求 $\int_{\pi}^{3\pi}f(x)\mathrm{d}x$.

四、试确定常数 a,b,c，使得 $\lim\limits_{x\to 0}\dfrac{ax-\sin x}{\int_{b}^{x}\dfrac{\ln(1+t^3)}{t}\mathrm{d}t}=c\,(c\neq 0)$.

五、试证：当 $x>0$ 时，$(x^2-1)\ln x \geqslant (x-1)^2$.

六、为清除井底的污泥，用缆绳将抓斗放入井底，抓起污泥后提出井口，已知井深 30 m，抓斗自重 400 N，缆绳每米重 50 N，抓斗抓起污泥重 2 000 N，提升速度为 3 m/s，在提升过程中，污泥以 20 N/s 的速率从抓斗缝隙中漏掉，现将抓起污泥的抓斗提升到井口，问克服重力需做多少焦耳的功？

七、设函数 $f(x)$ 在 $[a,b]$ 上具有二阶连续导数，证明：存在 $\xi \in (a,b)$，使得 $\int_a^b f(x)\mathrm{d}x = (b-a) f\left(\dfrac{a+b}{2}\right) + \dfrac{(b-a)^3}{24}f''(\xi)$.

秋季学期期末考试测试题(五)

一、填空题

1. 设曲线 $y = f(x)$ 经过原点且在原点与 x 轴相切,其中 $f(x)$ 二阶可导,且 $\lim\limits_{x \to 0} \dfrac{f(x)}{x^2} = -1$,则此曲线在原点的曲率 $K = $ _____.

2. 已知 $\begin{cases} x = \int_0^t e^{-s^2} \, ds \\ y = \int_0^t \sin(t-s)^2 \, ds \end{cases}$,则 $\dfrac{d^2 y}{dx^2} = $ _____.

3. 曲线 $x^2 + (y-2a)^2 = a^2 (a > 0)$ 所围平面图形绕 x 轴旋转得到的旋转体的体积为 _____.

4. 有一半径为 10 m 的均质球沉入水中,其最高点与水面相接,设球的密度与水的密度同为 $1\,000$ kg/m^3,重力加速度 $g = 10$ m/s^2,则将球从水中取出要做的功为 _____.

5. 设 $f(x) = \int_1^x \dfrac{\ln t}{1+t} dt$,则 $f(x) + f\left(\dfrac{1}{x}\right) = $ _____.

二、选择题

1. $\displaystyle\int \dfrac{\ln\left(1 + \dfrac{1}{x}\right)}{x(1+x)} dx = ($).

(A) $-\dfrac{1}{2} \ln^2\left(1 + \dfrac{1}{x}\right) + C$

(B) $\left(1 + \dfrac{1}{x}\right) \ln\left(1 + \dfrac{1}{x}\right) + C$

(C) $\ln \ln\left(1 + \dfrac{1}{x}\right) + C$

(D) $x \ln\left(1 + \dfrac{1}{x}\right) + C$

2. 设函数 $f(x) = \int_0^{x^2} \ln(2+t) \, dt$,则 $f'(x)$ 的零点个数为( ).

(A) 0　　(B) 1　　(C) 2　　(D) 3

3. 设 $F(x)$ 是连续函数 $f(x)$ 的一个原函数,"$M \Leftrightarrow N$" 表示 "M 的充分必要条件是 N",则必有( ).

(A) $F(x)$ 是偶函数 $\Leftrightarrow f(x)$ 是奇函数

(B) $F(x)$ 是奇函数 $\Leftrightarrow f(x)$ 是偶函数

(C) $F(x)$ 是周期函数 $\Leftrightarrow f(x)$ 是周期函数

(D) $F(x)$ 是单调函数 $\Leftrightarrow f(x)$ 是单调函数

4. 设平面图形 A 由 $x^2 + y^2 \leqslant 2x$ 与 $y \geqslant x$ 所确定,则图形 A 绕直线 $x = 2$ 旋转一周所得旋转体的体积为( ).

(A) $\dfrac{\pi^2}{15}$　　　　(B) $\dfrac{2\pi}{27}$

(C) $\dfrac{\pi^2}{3} - \dfrac{3\pi}{4}$　　(D) $\dfrac{\pi^2}{2} - \dfrac{2\pi}{3}$

5. 设函数 $f(x)$ 在闭区间 $[a,b]$ 上连续,且 $f(x) > 0$,则方程 $\int_a^x f(t) \, dt + \int_b^x \dfrac{1}{f(t)} dt = 0$ 在区间 (a,b) 内根的个数是( ).

(A) 0　　(B) 1　　(C) 3　　(D) 无穷多

三、计算下列积分：

1. $\displaystyle\int_1^{+\infty} \frac{\arctan x}{x^2(1+x^2)}$；

2. 设 $f(\sin^2 x) = \dfrac{x}{\sin x}$，求 $\displaystyle\int \frac{\sqrt{x}}{\sqrt{1-x}} f(x)\,\mathrm{d}x$；

3. 设函数 $f(x)$ 连续，且 $\displaystyle\int_0^x tf(2x-t)\,\mathrm{d}t = \frac{1}{2}\arctan x^2$，$f(1)=1$，求 $\displaystyle\int_1^2 f(x)\,\mathrm{d}x$.

四、设函数 $y=y(x)$ 由参数方程 $\begin{cases} x = \dfrac{1}{3}t^3 + t + \dfrac{1}{3} \\ y = \dfrac{1}{3}t^3 - t + \dfrac{1}{3} \end{cases}$ 所确定，

求函数 $y(x)$ 的单调区间与极值和曲线 $y=y(x)$ 的凸凹区间与拐点.

五、已知函数 $F(x) = \dfrac{\displaystyle\int_0^x \ln(1+t^2)\,\mathrm{d}t}{x^\alpha}$，设 $\displaystyle\lim_{x \to 0^+} F(x) = \lim_{x \to +\infty} F(x) = 0$，试求 α 的取值范围.

六、证明：当 $0<a<b<\pi$ 时，$b\sin b+2\cos b+\pi b>a\sin a+2\cos a+\pi a$.

七、一个高为 l 的柱体储油罐，底面是长轴为 $2a$，短轴为 $2b$ 的椭圆. 现将储油罐平放，当油罐中油面高度为 $\dfrac{3}{2}b$ 时，计算油的质量（油的密度为 ρ）.

秋季学期期末考试测试题(六)

一、填空题

1. 微分方程 $y'\cos y = (1 + \cos x \sin y)\sin y$ 的通解为_____.

2. 摆线 $\begin{cases} x = a(t - \sin t) \\ y = a(1 - \cos t) \end{cases}$ 的一拱 $(0 \leqslant t \leqslant 2\pi)$ 与 x 轴所围平面图形的面积为_____.

3. 设 $f(x)$ 有二阶连续导数,且 $f(\pi) = 2$,$\int_0^\pi (f(x) + f''(x))\sin x\,dx = 5$,则 $f(0) = $_____.

4. $\lim\limits_{n \to \infty} \left\{ \dfrac{1}{n\sqrt{n+1}} + \dfrac{\sqrt{2}}{n\sqrt{n+\frac{1}{2}}} + \cdots + \dfrac{\sqrt{n}}{n\sqrt{n+\frac{1}{n}}} \right\} = $_____.

5. 设曲线 L 的极坐标方程为 $r = r(\theta)$,$M(r, \theta)$ 为曲线 L 上任一点,$M_0(2, 0)$ 为 L 上一定点,若极径 OM_0,OM 与曲线 L 所围的曲边扇形面积值等于 L 上 M_0,M 两点之间弧长值的一半,则曲线 L 的方程为_____.

二、选择题

1. $\int |x|\,dx = ($).

(A) $\dfrac{x^2}{2} + C$ (B) $x|x| + C$

(C) $\begin{cases} \dfrac{x^2}{2} + C_1, x \geqslant 0 \\ -\dfrac{x^2}{2} + C_2, x < 0 \end{cases}$ (D) $\dfrac{x|x|}{2} + C$

2. 设函数 $f(x)$ 有二阶连续导数,且 $f'(0) = 0$,$\lim\limits_{x \to 0} \dfrac{f''(x)}{|x|} = 1$,则( ).

(A) $f(0)$ 是 $f(x)$ 的极大值

(B) $f(0)$ 是 $f(x)$ 的极小值

(C) 点 $(0, f(0))$ 是曲线 $y = f(x)$ 的拐点

(D) $f(0)$ 不是 $f(x)$ 的极值,点 $(0, f(0))$ 也不是曲线 $y = f(x)$ 的拐点

3. 下列函数中,在区间 $[-2, 3]$ 上不存在原函数的是( ).

(A) $f(x) = \max\{|x|, 1\}$

(B) $f(x) = \begin{cases} \dfrac{\ln(1+x^2) - x^2}{x^4}, x \neq 0 \\ -\dfrac{1}{2}, x = 0 \end{cases}$

(C) $f(x) = \begin{cases} \dfrac{\ln(1+x)}{x^2}, x > 0 \\ 0, \\ \dfrac{\tan x - \sin x}{x^3}, x < 0 \end{cases}$

(D) $f(x) = \int_0^x g(t)\,dt$,其中 $g(t) = \begin{cases} 1, t \leqslant 0 \\ 2, t > 0 \end{cases}$

4. 设 $I = \int_0^1 x^n\,dx$,$M = \int_0^1 \sin^n x\,dx$,$N = \int_0^1 \sin x^n\,dx$,则下列关系中正确的是( ).

(A)$M < N < I$　　　　(B)$I < M < N$

(C)$I < N < M$　　　　(D)$N < M < I$

5. 设函数 $f(x)$ 有连续导数，$F(x) = \int_0^x (x^2 - t^2) f(t) \mathrm{d}t$，$f(0) = 0, f'(0) \neq 0$，且当 $x \to 0$ 时，$F'(x)$ 与 x^k 是同阶无穷小，则 $k = ($　　$)$.

(A)1　　　(B)2　　　(C)3　　　(D)4

三、计算下列积分：

1. $\int_{-2}^{2} (|x| + x) \mathrm{e}^{-|x|} \mathrm{d}x$;

2. $\int_0^{\frac{\pi}{2}} \mathrm{e}^{2x} \cos x \mathrm{d}x$;

3. 设 $0 < a < 1$，求 $\int_0^{\pi} \dfrac{\mathrm{d}x}{1 + a\cos x}$.

四、求方程 $k\arctan x - x = 0$ 的不同实根的个数，其中 k 为参数.

五、设 $y = f(x)$ 由参数方程 $\begin{cases} x = 2t + t^2 \\ y = \psi(t) \end{cases}$ $(t > -1)$ 所确定，其中 $\psi(t)$ 具有二阶导数，且 $\psi(1) = \dfrac{5}{2}, \psi'(1) = 6$，已知 $\dfrac{\mathrm{d}^2 y}{\mathrm{d}x^2} = \dfrac{3}{4(1+t)}$，求 $\psi(t)$.

六、设函数 $f(x)$ 在 $[0,1]$ 上二阶可导,且 $|f(x)| \leqslant a$,$|f''(x)| \leqslant b$,其中 a,b 都是非负常数,c 是区间 $(0,1)$ 内任意一点,证明:$|f'(c)| \leqslant 2a + \dfrac{b}{2}$.

七、设 $y = f(x)$ 是区间 $[0,1]$ 上任一非负连续函数.

(1) 试证:存在 $\xi \in (0,1)$ 使得区间 $[0,\xi]$ 上以 $f(\xi)$ 为高的矩形面积等于在区间 $[\xi,1]$ 上以 $y = f(x)$ 为曲边的曲边梯形的面积;

(2) 又设 $f(x)$ 在 $(0,1)$ 内可导,且 $f'(x) > -\dfrac{2f(x)}{x}$,证明:(1) 中的 ξ 是唯一的.

秋季学期期末考试测试题(七)

一、填空题

1. 设当 $x > 0$ 时,$\int x^2 f(x)\mathrm{d}x = \arcsin x + C$,$F(x)$ 是 $f(x)$ 的一个原函数,且满足 $F(1) = 0$,则 $F(x) = $ _____.

2. 曲线 $y = \ln(1-x^2)$ 上相应于 $0 \leqslant x \leqslant \dfrac{1}{2}$ 的一段弧的长度是 _____.

3. 设函数 $f(x)$ 可导,且 $f(0) = 0$,$F(x) = \displaystyle\int_0^x t^{n-1} f(x^n - t^n)\mathrm{d}t$,则 $\displaystyle\lim_{x\to 0} \dfrac{F(x)}{x^{2n}} = $ _____.

4. 设 $f(x)$ 是 $[0, +\infty)$ 上非负的连续函数,且满足 $\displaystyle\int_0^x f(x)f(x-t)\mathrm{d}t = x^3$,则 $f(x) = $ _____.

5. $\displaystyle\lim_{x\to+\infty} \sqrt{x} \int_x^{x+1} \dfrac{\mathrm{d}t}{\sqrt{t + \sin t + x}} = $ _____.

二、选择题

1. 设函数 $f(x)$ 在 $x = a$ 的某邻域内连续,且 $f(a)$ 为其极大值,则存在 $\delta > 0$,当 $x \in (a-\delta, a+\delta)$ 时,必有(   ).

(A) $(x-a)[f(x) - f(a)] \geqslant 0$

(B) $(x-a)[f(x) - f(a)] \leqslant 0$

(C) $\displaystyle\lim_{t\to a} \dfrac{f(t) - f(a)}{(t-a)^2} \geqslant 0 \, (x \neq a)$

(D) $\displaystyle\lim_{t\to a} \dfrac{f(t) - f(a)}{(t-a)^2} \leqslant 0 \, (x \neq a)$

2. 设函数 $f(x)$ 满足关系式 $f''(x) + [f'(x)]^2 = x$,且 $f'(0) = 0$,则(   ).

(A) $f(0)$ 是 $f(x)$ 的极大值

(B) $f(0)$ 是 $f(x)$ 的极小值

(C) 点 $(0, f(0))$ 是曲线 $y = f(x)$ 的拐点

(D) $f(0)$ 不是 $f(x)$ 的极值,点 $(0, f(0))$ 也不是曲线 $y = f(x)$ 的拐点

3. 若 $f''(x)$ 不变号,且曲线 $y = f(x)$ 在点 $(1,1)$ 处的曲率圆为 $x^2 + y^2 = 2$,则函数 $f(x)$ 在区间 $(1,2)$ 内(   ).

(A) 有极值点,无零点   (B) 无极值点,有零点

(C) 有极值点,有零点   (D) 无极值点,无零点

4. 设 $f(x)$ 可导,且 $f(x) > 0$,$\displaystyle\int_0^x \ln f(t)\mathrm{d}t = x^2(1 + f'(0))$,则 $f'(0) = $(   ).

(A) -1 (B) -2 (C) 1 (D) 2

5. 设函数 $f(x)$ 在 $[0,1]$ 上有连续导数,且 $f(0) = 0$,令 $M = \displaystyle\max_{x\in[0,1]} |f'(x)|$,则必有(   ).

(A) $\displaystyle\int_0^1 |f(x)|\mathrm{d}x \leqslant \dfrac{M}{2}$

(B) $\dfrac{M}{2} \leqslant \displaystyle\int_0^1 |f(x)|\mathrm{d}x \leqslant M$

(C) $M \leqslant \displaystyle\int_0^1 |f(x)|\mathrm{d}x \leqslant 2M$

(D) $\displaystyle\int_0^1 |f(x)|\mathrm{d}x \geqslant 2M$

三、计算下列积分：

1. $\int_0^{\frac{\pi}{4}} \dfrac{\sin x}{1+\sin x}dx$；

2. $\int_{-\infty}^0 \dfrac{x e^x}{\sqrt{e^x+1}}dx$；

3. $\int_{-\frac{\pi}{2}}^{\frac{\pi}{2}} \left(\dfrac{x e^{x^2}\cos x}{1+x^2} + \dfrac{\sin^4 x}{1+e^{-x}} \right)dx$.

四、设 D 是曲线 $y=2x-x^2$ 与 x 轴围成的平面图形，直线 $y=kx$ 把 D 分成 D_1,D_2 上、下两部分，若 D_1 的面积与 D_2 的面积之比为 $S_1:S_2=1:7$，求平面图形 D_1 的周长以及 D_1 绕 y 轴旋转一周所得旋转体的体积.

五、描绘函数 $y=\dfrac{x^3}{(x-1)^2}$ 的图形.

六、证明：当 $-1 < x < 1$ 时，$x\ln\dfrac{1+x}{1-x} + \cos x \geqslant 1 + \dfrac{x^2}{2}$.

七、设函数 $f(x)$ 在 $[0,1]$ 上连续，在 $(0,1)$ 内可导，且满足 $f(1) = k\displaystyle\int_0^{\frac{1}{k}} x\mathrm{e}^{1-x} f(x)\mathrm{d}x\,(k > 1)$，证明：存在 $\xi \in (0,1)$，使得 $f'(\xi) = (1-\xi^{-1})f(\xi)$.

秋季学期期末考试测试题(八)

一、填空题

1. 设函数 $f(x) = \begin{cases} x^\lambda \cos \dfrac{1}{x}, & x \neq 0 \\ 0, & x = 0 \end{cases}$ 的导函数在 $x = 0$ 处连续,则 λ 的取值范围是 _____.

2. 曲线 $y = \displaystyle\int_0^x \tan t \, \mathrm{d}t \left(0 \leqslant x \leqslant \dfrac{\pi}{4}\right)$ 的弧长为 _____.

3. 设 $|y| < 1$,则 $\displaystyle\int_{-1}^1 |x - y| \, \mathrm{d}x =$ _____.

4. $\displaystyle\lim_{n \to \infty} \dfrac{\sqrt[n]{n(n+1) \cdots (2n-1)}}{n} =$ _____.

5. 设可微函数 $f(x)$ 在 $x > 0$ 上有定义,其反函数为 $g(x)$,且满足 $\displaystyle\int_1^{f(x)} g(t) \, \mathrm{d}t = \dfrac{1}{3}(x^{\frac{3}{2}} - 8)$,则 $f(x) =$ _____.

二、选择题

1. 设函数 $f(x)$ 在点 x_0 处可导,且 $f'(x_0) > 0$,则存在 $\delta > 0$,使( ).

(A) $f(x)$ 在 $(x_0 - \delta, x_0 + \delta)$ 上单调递增

(B) $f(x) > f(x_0), x \in (x_0 - \delta, x_0 + \delta), x \neq x_0$

(C) $f(x) > f(x_0), x \in (x_0, x_0 + \delta)$

(D) $f(x) < f(x_0), x \in (x_0, x_0 + \delta)$

2. 设函数 $f(x)$ 在 $(-\infty, +\infty)$ 上连续,则下列叙述正确的是( ).

(A) 若 $f(x)$ 为偶函数,则 $\displaystyle\int_{-a}^a f(x) \, \mathrm{d}x \neq 0$

(B) 若 $f(x)$ 为奇函数,则 $\displaystyle\int_{-a}^a f(x) \, \mathrm{d}x \neq 2 \displaystyle\int_0^a f(x) \, \mathrm{d}x$

(C) 若 $f(x)$ 为非奇非偶函数,则 $\displaystyle\int_{-a}^a f(x) \, \mathrm{d}x \neq 0$

(D) 若 $f(x)$ 是以 T 为周期的周期函数,且是奇函数,则 $F(x) = \displaystyle\int_0^x f(t) \, \mathrm{d}t$ 也是以 T 为周期的周期函数

3. 设函数 $f(x)$ 为已知可导的奇函数,$g(x)$ 为 $f(x)$ 的反函数,则 $\dfrac{\mathrm{d}}{\mathrm{d}x} \displaystyle\int_x^{x - f(x)} x g(t - x) \, \mathrm{d}t = ($).

(A) $\displaystyle\int_0^{-f(x)} g(t) \, \mathrm{d}t + x^2 f'(x)$

(B) $\displaystyle\int_0^{-f(x)} g(t) \, \mathrm{d}t - x^2 f'(x)$

(C) $\displaystyle\int_0^{-f(x)} g(t) \, \mathrm{d}t + x f'(x)$

(D) $\displaystyle\int_0^{-f(x)} g(t) \, \mathrm{d}t - x f'(x)$

4. 设函数 $f(x)$ 在 $[a, b]$ 上连续且单调递增,$I_1 = \displaystyle\int_a^b x f(x) \, \mathrm{d}x$,$I_2 = \dfrac{a + b}{2} \displaystyle\int_a^b f(x) \, \mathrm{d}x$,则( ).

(A) $I_1 > I_2$ (B) $I_1 < I_2$

(C) $I_1 = I_2$ (D) I_1, I_2 无法比较

5. x 轴上有一线密度为常数 μ、长度为 l 的细杆,有一质量为 m 的质点到杆的右端(位于 x 轴原点处)的距离为 a,已知引力系数为 k,则质点和细杆之间的引力的大小为( ).

(A) $\displaystyle\int_{-l}^0 \dfrac{km\mu \, \mathrm{d}x}{(a - x)^2}$ (B) $\displaystyle\int_0^l \dfrac{km\mu \, \mathrm{d}x}{(a - x)^2}$

(C) $\int_{-\frac{l}{2}}^{0} \dfrac{km\mu \, \mathrm{d}x}{(a+x)^2}$　　　　(D)$2\int_{0}^{\frac{l}{2}} \dfrac{km\mu \, \mathrm{d}x}{(a-x)^2}$

三、计算下列积分：

1. $\displaystyle\int \dfrac{\mathrm{d}x}{\sin^3 x}$；

2. $\displaystyle\int \ln\left(1+\sqrt{\dfrac{1+x}{x}}\,\right) \mathrm{d}x\,(x>0)$；

3. 已知 $y'=\arctan (x-1)^2$，$y(0)=0$，求 $\displaystyle\int_{0}^{1} y(x)\mathrm{d}x$.

四、设函数 $f(x)=\lim\limits_{t\to+\infty}\left(\dfrac{t+x}{t+2x}\right)^t$，$x\geqslant 0$.

（1）将曲线 $y=f(x)$ 与 x 轴，y 轴和直线 $x=1$ 所围成平面图形绕 x 轴旋转一周得一旋转体，求此旋转体的体积；

（2）在曲线 $y=f(x)$ 上找一点，使过该点的切线与两坐标轴所围平面图形的面积最大，并求该面积.

五、位于上半平面内的凹曲线 $y=f(x)$ 通过点 $(0,2)$，其在该点的切线平行于 x 轴，又曲线上任意一点 (x,y) 处的曲率与 $\sqrt{y}$ 及 $1+(y')^2$ 之积成反比，比例系数为 $\dfrac{1}{2\sqrt{2}}$，求函数 $y=f(x)$ 的表达式.

六、已知函数 $f(x)$ 连续，且 $\lim\limits_{x \to 0} \dfrac{f(x)}{x} = A$（$A$ 为常数），设 $\varphi(x) = \displaystyle\int_0^1 f(xt)\mathrm{d}t$，求 $\varphi'(x)$，并讨论 $\varphi'(x)$ 的连续性．

七、设函数 $f(x)$ 在闭区间 $[0,1]$ 上可导，且 $0 < f'(x) < 1$，$f(0) = 0$，证明：$\left(\displaystyle\int_0^1 f(x)\mathrm{d}x \right)^2 > \displaystyle\int_0^1 (f(x))^3 \mathrm{d}x$．

春季学期期中考试测试题(一)

一、填空题

1. 设 $y=\mathrm{e}^x(C_1\cos x+C_2\sin x)$ $(C_1,C_2$ 为任意常数) 为某二阶常系数线性齐次微分方程的通解,则该方程为_____.

2. 设 $z=\dfrac{\sin (xy)\cos\sqrt{y+2}+(y-1)^3\mathrm{e}^{x^2+y^2}}{1+\sin x-(x+1)\ln y}$,则 $\dfrac{\partial z}{\partial y}\Big|_{(0,1)}=$

_____.

3. 设 $x^2+y^2=y\varphi\left(\dfrac{z}{y}\right)$,其中 φ 为可微函数,则 $\dfrac{\partial z}{\partial y}=$

_____.

4. 曲面 $x^2+\cos (xy)+yz+x=0$ 在点 $(0,1,-1)$ 处的切平面方程为_____.

5. 设区域 $D=\{(x,y)\,|\,0\leqslant x\leqslant 2,-1\leqslant y\leqslant 1\}$,则 $\iint\limits_D\sqrt{|\,x-|\,y\,|\,|}\,\mathrm{d}x\mathrm{d}y=$_____.

二、选择题

1. 设 y_1,y_2 是方程 $y''+a_1(x)y'+a_2(x)y=0$ 的两个特解,则 $y=C_1y_1+C_2y_2$ $(C_1,C_2$ 为任意常数) 是该方程的通解的充要条件为( ).

(A) $y_1y_2'-y_2y_1'=0$

(B) $y_1y_2'-y_2y_1'\neq 0$

(C) $y_1y_2'+y_2y_1'=0$

(D) $y_1y_2'+y_2y_1'\neq 0$

2. 函数 $f(x,y)=\begin{cases}\dfrac{xy}{x^2+y^2},&x^2+y^2\neq 0\\0,&x^2+y^2=0\end{cases}$ 在点 $(0,0)$ 处

( ).

(A) 连续,偏导数存在

(B) 连续,偏导数不存在

(C) 不连续,偏导数存在

(D) 不连续,偏导数不存在

3. 函数 $f(x,y,z)=x^2y+z^2$ 在点 $(1,2,0)$ 处沿向量 $l=i+2j+2k$ 的方向导数为( ).

(A)12　　　(B)6　　　(C)4　　　(D)2

4. 由方程 $xyz+\sqrt{x^2+y^2+z^2}=\sqrt{2}$ 所确定的函数 $z=z(x,y)$ 在点 $(1,0,-1)$ 处的全微分( ).

(A) $\mathrm{d}z\Big|_{(1,0,-1)}=3\mathrm{d}x+4\mathrm{d}y$

(B) $\mathrm{d}z\Big|_{(1,0,-1)}=\mathrm{d}x-\sqrt{2}\,\mathrm{d}y$

(C) $\mathrm{d}z\Big|_{(1,0,-1)}=-\sqrt{2}\,\mathrm{d}x+\sqrt{2}\,\mathrm{d}y$

(D) $\mathrm{d}z\Big|_{(1,0,-1)}=\sqrt{2}\,\mathrm{d}x-\mathrm{d}y$

5. 设区域 $D=\left\{(x,y)\,\Big|\,0\leqslant x\leqslant 1,-\sqrt{x}\leqslant y\leqslant\sqrt{x}\right\}$,$f(x)$ 是连续的奇函数,$g(x)$ 是连续的偶函数,则下列积分正确的是( ).

(A) $\iint\limits_D f(y)g(x)\mathrm{d}x\mathrm{d}y=0$

(B) $\iint\limits_D f(x)g(y)\mathrm{d}x\mathrm{d}y=0$

(C) $\iint\limits_{D} [f(x) + g(y)] \, \mathrm{d}x \mathrm{d}y = 0$

(D) $\iint\limits_{D} [f(y) + g(x)] \, \mathrm{d}x \mathrm{d}y = 0$

三、求微分方程 $y'' + 4y' + 4y = e^{ax}$ 的通解.

四、设 $z = f(x^2 - y^2, e^{xy})$,其中 f 具有连续的二阶偏导数,求 $\dfrac{\partial z}{\partial x}, \dfrac{\partial z}{\partial y}, \dfrac{\partial^2 z}{\partial x \partial y}$.

五、求函数 $f(x, y) = \left(y + \dfrac{x^3}{3}\right) e^{x+y}$ 的极值.

六、计算二重积分 $\iint\limits_{D} (\sqrt{x^2 + y^2} + y)\,\mathrm{d}x\mathrm{d}y$，其中区域 $D = \{(x,y) \mid x^2 + y^2 \leqslant 4, (x+1)^2 + y^2 \geqslant 1\}$.

七、计算二次积分 $\int_{\frac{1}{4}}^{\frac{1}{2}} \mathrm{d}y \int_{\frac{1}{2}}^{\sqrt{y}} \mathrm{e}^{\frac{y}{x}}\,\mathrm{d}x + \int_{\frac{1}{2}}^{1} \mathrm{d}y \int_{y}^{\sqrt{y}} \mathrm{e}^{\frac{y}{x}}\,\mathrm{d}x.$

春季学期期中考试测试题(二)

一、填空题

1.已知 $x\mathrm{e}^x$ 与 $\mathrm{e}^x\cos x$ 是 n 阶常系数齐次线性微分方程的两个解,则最小的正整数 $n=$ _____.

2.设 $z=\mathrm{e}^{-x}-f(x-2y)$,且当 $y=0$ 时,$z=x^2$,则 $\dfrac{\partial z}{\partial x}=$

_____.

3.空间曲线 $x=t^2,y=\ln(1+t),z=\mathrm{e}^{t-1}$ 在参数 $t=1$ 处所对应点的切线方程为_____.

4.设 $\boldsymbol{n}$ 是球面 $x^2+y^2+z^2=3$ 在点 $P_0(1,1,1)$ 处指向内侧的法向量,则函数 $f(x,y,z)=x^2+2y^2+z^2$ 在点 P_0 处沿方向 $\boldsymbol{n}$ 的方向导数 $\dfrac{\partial f}{\partial \boldsymbol{n}}\bigg|_{P_0}=$ _____.

5.设区域 $D=\{(x,y)\,|\,a\leqslant x\leqslant b,0\leqslant y\leqslant 1\}$,且 $\displaystyle\iint_D yf(x)\mathrm{d}x\mathrm{d}y=1$,则 $\displaystyle\int_a^b f(x)\mathrm{d}x=$ _____.

二、选择题

1.已知 $f(x,y)=\mathrm{e}^{\sqrt{x^2+y^4}}$,则( ).

(A)$f'_x(0,0),f'_y(0,0)$ 都存在

(B)$f'_x(0,0)$ 存在,$f'_y(0,0)$ 不存在

(C)$f'_x(0,0)$ 不存在,$f'_y(0,0)$ 存在

(D)$f'_x(0,0),f'_y(0,0)$ 都不存在

2.若 $u=f(xyz),f(0)=0,f'(1)=1,\dfrac{\partial^3 u}{\partial x\partial y\partial z}=x^2y^2z^2f'''(xyz)$,则 $u=$( ).

(A)$\dfrac{3}{2}\,(xyz)^{\frac{2}{3}}$ (B)$\dfrac{1}{2}\,(xyz)^{\frac{2}{3}}$

(C)$\dfrac{3}{2}\,(xyz)^{\frac{3}{2}}$ (D)$\dfrac{1}{2}\,(xyz)^{\frac{3}{2}}$

3.设有三元方程 $x\mathrm{e}^z+xyz-xz-y^2\mathrm{e}^{xy}+1=0$,根据隐函数存在定理,在点 $(0,1,-1)$ 的充分小邻域内,由该方程确定的具有连续偏导数的函数有( ).

(A)$z=z(x,y)$

(B)$y=y(x,z)$ 和 $z=z(x,y)$

(C)$x=x(y,z)$ 和 $y=y(x,z)$

(D)$x=x(y,z)$ 和 $z=z(x,y)$

4.设 $I_1=\displaystyle\iint_D \cos\sqrt{x^2+y^2}\,\mathrm{d}x\mathrm{d}y,I_2=\displaystyle\iint_D \cos\,(x^2+y^2)\,\mathrm{d}x\mathrm{d}y,$ $I_3=\displaystyle\iint_D \cos\,(x^2+y^2)^2\,\mathrm{d}x\mathrm{d}y$,其中 $D=\{(x,y)\,|\,x^2+y^2\leqslant 1\}$,则( ).

(A)$I_1<I_2<I_3$ (B)$I_3<I_2<I_1$

(C)$I_3<I_1<I_2$ (D)$I_2<I_1<I_3$

5.设 D 是 xOy 平面上以点 $(1,1),(-1,1),(-1,-1)$ 为顶点的三角形域,D_1 是 D 在第一象限的部分,则 $\displaystyle\iint_D(xy+\cos x\sin y)\mathrm{d}x\mathrm{d}y=$( ).

(A)$2\displaystyle\iint_{D_1}\cos x\sin y\mathrm{d}x\mathrm{d}y$

(B)$2\iint\limits_{D_1} xy\mathrm{d}x\mathrm{d}y$

(C)$4\iint\limits_{D_1} (xy+\cos x\sin y)\mathrm{d}x\mathrm{d}y$

(D)0

三、求微分方程 $y''-4y'+4y=\mathrm{e}^{2x}+\sin 2x$ 的通解.

四、设函数 $f(u,v)$ 具有二阶连续偏导数，$y=f(\mathrm{e}^x,\cos x)$，求 $\dfrac{\mathrm{d}y}{\mathrm{d}x}\bigg|_{x=0}$，$\dfrac{\mathrm{d}^2 y}{\mathrm{d}x^2}\bigg|_{x=0}$.

五、设 $\begin{cases}u=f(x-u,y-u,z-u)\\g(x,y,z)=0\end{cases}$，其中 f,g 有连续偏导数，求 $\dfrac{\partial u}{\partial x}$，$\dfrac{\partial u}{\partial y}$.

六、在第一卦限内作椭球面 $\dfrac{x^2}{a^2}+\dfrac{y^2}{b^2}+\dfrac{z^2}{c^2}=1(a,b,c>0)$ 的切平面,使切平面与三坐标面所围成的四面体体积最小,求切点坐标及体积的最小值.

七、计算二重积分 $\displaystyle\iint\limits_{D}\max\{xy,1\}\,\mathrm{d}x\mathrm{d}y$,其中区域 $D=\{(x,y)\,|\,0\leqslant x\leqslant 2,0\leqslant y\leqslant 2\}$.

春季学期期中考试测试题(三)

一、填空题

1. 已知 $y_1 = e^{3x} - xe^{2x}$，$y_2 = e^x - xe^{2x}$，$y_3 = 2e^{3x} + 3e^x - xe^{2x}$ 是某二阶常系数非齐次线性微分方程的三个解，则该方程的通解为＿＿＿＿＿＿＿.

2. 设函数 $z = z(x,y)$ 由方程 $F(x-az, y-bz) = 0$ 所确定，其中 $F(u,v)$ 具有连续偏导数，则 $a\dfrac{\partial z}{\partial x} + b\dfrac{\partial z}{\partial y} = $ ＿＿＿＿＿＿＿.

3. 曲线 $\begin{cases} z^2 = 3x^2 + y^2 \\ 2x^2 + 3y^2 + z^2 = 9 \end{cases}$ 在点 $(1,-1,2)$ 处的法平面为＿＿＿＿＿＿＿.

4. 设区域 $D = \{(x,y) \mid x^2 + y^2 \leqslant R^2\}$，则 $\iint\limits_{D}\left(\dfrac{x^2}{a^2} + \dfrac{y^2}{b^2}\right)\mathrm{d}x\mathrm{d}y = $ ＿＿＿＿＿＿＿.

5. 设区域 $D = \{(x,y) \mid 0 \leqslant x \leqslant 2\pi, 0 \leqslant y \leqslant 2\pi\}$，则 $\iint\limits_{D} |\cos(x+y)| \mathrm{d}x\mathrm{d}y = $ ＿＿＿＿＿＿＿.

二、选择题

1. 函数 $f(x,y) = \arctan\dfrac{x}{y}$ 在点 $(0,1)$ 处的梯度 $\operatorname{grad} f(x,y)\Big|_{(0,1)} = ($ ＿＿＿ $)$.

(A)$\boldsymbol{i}$ 　(B)$-\boldsymbol{i}$ 　(C)$\boldsymbol{j}$ 　(D)$-\boldsymbol{j}$

2. 函数 $f(x,y)$ 在点 $(0,0)$ 处可微的一个充分条件是( ).

(A) $\lim\limits_{(x,y)\to(0,0)} [f(x,y) - f(0,0)] = 0$

(B) $\lim\limits_{x\to 0}\dfrac{f(x,0) - f(0,0)}{x} = 0$ 且 $\lim\limits_{y\to 0}\dfrac{f(0,y) - f(0,0)}{y} = 0$

(C) $\lim\limits_{(x,y)\to(0,0)}\dfrac{f(x,y) - f(0,0)}{\sqrt{x^2 + y^2}} = 0$

(D) $\lim\limits_{x\to 0}[f'_x(x,0) - f'_x(0,0)] = 0$ 且 $\lim\limits_{y\to 0}[f'_y(x,0) - f'_y(0,0)] = 0$

3. 设函数 $f(x,y)$ 可微，且 $f(1,1) = 1$，$f'_x(1,1) = 3$，$f'_y(1,1) = -1$，又设函数 $\varphi(x) = f(f(x,x^2), x)$，则 $\varphi'(1) = ($ ＿＿＿ $)$.

(A)-4 　(B)-2 　(C)2 　(D)6

4. 抛物面 $z = x^2 + y^2$ 与平面 $z = x + y$ 所围成立体的体积为( ).

(A)π 　(B)$\dfrac{\pi}{2}$ 　(C)$\dfrac{\pi}{4}$ 　(D)$\dfrac{\pi}{8}$

5. 设函数 $f(x) = \begin{cases} 2, 0 \leqslant x \leqslant 1 \\ 0, 其他 \end{cases}$，区域 $D = \{(x,y) \mid -\infty < x < +\infty, -\infty < y < +\infty\}$，则 $\iint\limits_{D} f(y)f(x-y)\mathrm{d}x\mathrm{d}y = ($ ＿＿＿ $)$.

(A)3 　(B)4 　(C)5 　(D)6

三、设 $z = f(x,y)$ 有连续的二阶偏导数，且满足等式 $4\dfrac{\partial^2 z}{\partial x^2} + 12\dfrac{\partial^2 z}{\partial x \partial y} + 5\dfrac{\partial^2 z}{\partial y^2} = 0$，确定常数 a,b 的值，使等式在变换 $\begin{cases} \xi = x + ay \\ \eta = x + by \end{cases}$ 下简化为 $\dfrac{\partial^2 z}{\partial \xi \partial \eta} = 0$.

四、在椭球面 $2x^2 + 2y^2 + z^2 = 1$ 上求一点，使函数 $f(x,y,z) = x^2 + y^2 + z^2$ 在该点沿方向 $\boldsymbol{l} = \{1, -1, 0\}$ 的方向导数最大，并求此最大的方向导数.

五、计算二重积分 $\displaystyle\iint\limits_{D} xy \, d\sigma$，其中区域 D 由曲线 $r = 1 + \cos\theta$（$0 \leqslant \theta \leqslant \pi$）与极轴围成.

六、设 $f(x,y) = \begin{cases} x^2, & |x| + |y| < 1 \\ \dfrac{1}{\sqrt{x^2 + y^2}}, & 1 \leqslant |x| + |y| \leqslant 2 \end{cases}$，计算二重

积分 $\displaystyle\iint\limits_{D} f(x,y)\,\mathrm{d}x\mathrm{d}y$，其中 $D = \{(x,y) \mid |x| + |y| \leqslant 2\}$.

七、设一礼堂的顶部是一个半椭球面，其方程为 $z = 4\sqrt{1 - \dfrac{x^2}{16} - \dfrac{y^2}{36}}$，求下雨时过房顶上点 $(1,3,\sqrt{11})$ 处的雨水行走的路线方程.

春季学期期中考试测试题(四)

一、填空题

1. 设 $y=y(x)$ 是微分方程 $y'''+y'=0$ 的解,且当 $x \to 0$ 时,$y(x)$ 是 x^2 的等价无穷小,则 $y(x)=$ _____.

2. 微分方程 $x^2 \dfrac{d^2 y}{dx^2}+4x \dfrac{dy}{dx}+2y=0$ 的通解为 _____.

3. 函数 $f(x,y)=x^2+2y^2-x^2 y^2$ 在区域 $D=\{(x,y) \mid x^2+y^2 \leqslant 4, y \geqslant 0\}$ 上的最大值为 _____.

4. 已知椭球面 $x^2+\dfrac{y^2}{4}+\dfrac{z^2}{9}=a^2(a>0)$ 与平面 $3x-2y+z=34$ 相切,则 $a=$ _____.

5. 设 D 是第一象限内在曲线 $y=4x^2$ 与 $y=9x^2$ 之间的区域,则 $\iint\limits_D x e^{-y^2} d\sigma=$ _____.

二、选择题

1. 设函数 $f(x,y)=\begin{cases} \dfrac{x^2 y^2}{(x^2+y^2)^{\frac{3}{2}}}, & (x,y) \neq (0,0) \\ 0, & (x,y)=(0,0) \end{cases}$,则 $f(x,y)$ 在点 $(0,0)$ 处( ).

(A) 连续,偏导数不存在

(B) 偏导数存在,不连续

(C) 连续,偏导数存在

(D) 可微

2. 设 $f'_x(0,0)=1, f'_y(0,0)=2$,则( ).

(A) $f(x,y)$ 在点 $(0,0)$ 处连续

(B) $\left. df(x,y) \right|_{(0,0)}=dx+2dy$

(C) $\left. \dfrac{\partial f}{\partial l} \right|_{(0,0)}=\cos \alpha+2\cos \beta$,其中 $\cos \alpha, \cos \beta$ 是向量 $\boldsymbol{l}$ 的方向余弦

(D) $f(x,y)$ 在点 $(0,0)$ 处沿 x 轴负方向的方向导数为 -1

3. 设 $f(x,y)$ 和 $\varphi(x,y)$ 均为可微函数,且 $\varphi'_y(x,y) \neq 0$,已知 (x_0,y_0) 是 $f(x,y)$ 在约束条件 $\varphi(x,y)=0$ 下的一个极值点,则下列选项正确的是( ).

(A) 若 $f'_x(x_0,y_0)=0$,则 $f'_y(x_0,y_0)=0$

(B) 若 $f'_x(x_0,y_0)=0$,则 $f'_y(x_0,y_0) \neq 0$

(C) 若 $f'_x(x_0,y_0) \neq 0$,则 $f'_y(x_0,y_0)=0$

(D) 若 $f'_x(x_0,y_0) \neq 0$,则 $f'_y(x_0,y_0) \neq 0$

4. 设区域 $D=\{(x,y) \mid x^2+y^2 \leqslant 4, x \geqslant 0, y \geqslant 0\}$,$f(x)$ 为 D 上取正值的连续函数,a,b 为常数,则 $\iint\limits_D \dfrac{a\sqrt{f(x)}+b\sqrt{f(y)}}{\sqrt{f(x)}+\sqrt{f(y)}} dx dy=$ ( ).

(A) $ab\pi$ (B) $\dfrac{ab}{2}\pi$

(C) $(a+b)\pi$ (D) $\dfrac{a+b}{2}\pi$

5. 设函数 f 连续,若 $F(u,v)=\iint\limits_{D_{uv}} \dfrac{f(x^2+y^2)}{\sqrt{x^2+y^2}} dx dy$,其中 D_{uv} 是由圆周 $x^2+y^2=1, x^2+y^2=u^2(u>1)$ 及直线 $y=0, y=(\tan v)x\left(0<v<\dfrac{\pi}{2}\right)$ 所围成的平面区域,则 $\dfrac{\partial F}{\partial u}=$ ( ).

(A)$vf(u^2)$ 　　　　(B)$\dfrac{v}{u}f(u^2)$

(C)$vf(u)$ 　　　　(D)$\dfrac{v}{u}f(u)$

三、设 $f(x)=\sin x-\displaystyle\int_0^x tf(x-t)\mathrm{d}t$,其中 $f(x)$ 是连续函数,

求 $f(x)$.

四、已知函数 $f(u,v)$ 具有二阶连续偏导数,且 $f(1,1)=2$ 是 $f(u,v)$ 的极值,$z=f(x+y,f(x,y))$,求 $\dfrac{\partial^2 z}{\partial x\partial y}\Big|_{(1,1)}$.

五、已知曲线 $L:\begin{cases}x^2+y^2-2z^2=0\\x+y+3z=5\end{cases}$,求 L 上距离 xOy 平面最远的点和最近的点的坐标.

六、计算二重积分 $\iint\limits_{D} y\,\mathrm{d}x\,\mathrm{d}y$,其中 D 是由直线 $x=-2$,$y=0$, $y=2$ 及曲线 $x=-\sqrt{2y-y^2}$ 所围成的平面区域.

七、计算二次积分 $\int_0^1 \mathrm{d}x \int_0^1 \mathrm{e}^{\max\{x^2,y^2\}}\,\mathrm{d}y$.

春季学期期中考试测试题(五)

一、填空题

1. 曲面 $x^2 + y^2 + z^2 - xy - 3 = 0$ 上同时垂直于平面 $z = 0$ 和平面 $x + y - 1 = 0$ 的切平面方程为＿＿＿＿.

2. 已知二阶常系数非齐次线性微分方程 $y'' + \alpha y' + \beta y = \gamma e^{2x}$ 的一个特解为 $y = e^{2x} + (1+x)e^x$,则该方程的通解为＿＿＿＿.

3. 设 $y = g(x,z)$,而 z 是由方程 $f(x-z,xy)=0$ 所确定的 x,y 的函数,则 $\dfrac{\mathrm{d}z}{\mathrm{d}x} = $＿＿＿＿.

4. 设区域 $D = \{(x,y) \mid (x-1)^2 + (y-1)^2 \leqslant 2\}$,则
$$\iint\limits_{D} \left[\cos^2(x+y^2) + \sin^2(x^2+y) \right] \mathrm{d}x\mathrm{d}y = $$＿＿＿＿.

5. 设 $f(u)$ 为连续函数,且 $\int_0^1 f(r)\mathrm{d}r = 1$,又设区域 $D = \{(x,y) \mid x^2 + y^2 \leqslant 1\}$,则 $\iint\limits_{D} f(x^2+y^2)\mathrm{d}x\mathrm{d}y = $＿＿＿＿.

二、选择题

1. 设 $y = y(x)$ 是微分方程 $y'' + by' + cy = 0$ 的解,其中 b,c 为正常数,则 $\lim\limits_{x \to +\infty} y(x)($).

(A) 与解的初始值 $y(0)$,$y'(0)$ 有关,与 b,c 无关

(B) 与解的初始值 $y(0)$,$y'(0)$ 及 b,c 都无关

(C) 与解的初始值 $y(0)$,$y'(0)$ 及 c 无关,只与 b 有关

(D) 与解的初始值 $y(0)$,$y'(0)$ 及 b 无关,只与 c 有关

2. 设 $f(0,0) = 0$,当 $(x,y) \neq (0,0)$ 时,$f(x,y)$ 为如下形式之一,则 $f(x,y)$ 在点 $(0,0)$ 处连续的是(   ).

(A) $\dfrac{xy}{x^2+y^2}$　　　　　(B) $\dfrac{x^2-y^2}{x^2+y^2}$

(C) $\dfrac{x^2 y}{x^2+y^2}$　　　　　(D) $\dfrac{x^2 y}{x^4+y^2}$

3. 在全平面上有 $\dfrac{\partial f}{\partial x} < 0$,$\dfrac{\partial f}{\partial y} > 0$,则下列条件中能保证 $f(x_1,y_1) < f(x_2,y_2)$ 的是(   ).

(A) $x_1 < x_2$,$y_1 < y_2$

(B) $x_1 < x_2$,$y_1 > y_2$

(C) $x_1 > x_2$,$y_1 < y_2$

(D) $x_1 > x_2$,$y_1 > y_2$

4. 设 $f(x,y)$ 是连续函数,则 $\int_0^1 \mathrm{d}y \int_{-\sqrt{1-y^2}}^{1-y} f(x,y)\mathrm{d}x = ($).

(A) $\int_0^1 \mathrm{d}x \int_1^{x-1} f(x,y)\mathrm{d}y + \int_{-1}^0 \mathrm{d}x \int_0^{\sqrt{1-x^2}} f(x,y)\mathrm{d}y$

(B) $\int_0^1 \mathrm{d}x \int_1^{x-1} f(x,y)\mathrm{d}y + \int_{-1}^0 \mathrm{d}x \int_{-\sqrt{1-x^2}}^0 f(x,y)\mathrm{d}y$

(C) $\int_0^{\frac{\pi}{2}} \mathrm{d}\theta \int_0^{\frac{1}{\cos\theta+\sin\theta}} f(r\cos\theta, r\sin\theta)\mathrm{d}r + \int_{\frac{\pi}{2}}^{\pi} \mathrm{d}\theta \int_0^1 f(r\cos\theta, r\sin\theta)\mathrm{d}r$

(D) $\int_0^{\frac{\pi}{2}} \mathrm{d}\theta \int_0^{\frac{1}{\cos\theta+\sin\theta}} f(r\cos\theta, r\sin\theta)r\mathrm{d}r + \int_{\frac{\pi}{2}}^{\pi} \mathrm{d}\theta \int_0^1 f(r\cos\theta, r\sin\theta)r\mathrm{d}r$

5. 函数 $u(x,y)$ 在平面有界闭区域 D 上具有二阶连续偏导数,在 D 的内部恒有 $\dfrac{\partial^2 u}{\partial x \partial y} \neq 0$ 及 $\dfrac{\partial^2 u}{\partial x^2} + \dfrac{\partial^2 u}{\partial y^2} = 0$,则关于 $u(x,y)$ 的

最大值与最小值的情况是( ).

  (A) 最大值与最小值必定都在 D 的边界上取到

  (B) 最大值与最小值必定都在 D 的内部取到

  (C) 最大值在 D 的内部取到,最小值在 D 的边界上取到

  (D) 最小值在 D 的内部取到,最大值在 D 的边界上取到

  三、设函数 $y = y(x)$ 具有二阶连续导数,且满足方程

$$(1+x)y = \int_0^x [2y + (1+x)^2 y''] \mathrm{d}x$$ 及条件 $y'(0) = 1$,求 $y = y(x)$ 的表达式.

  四、设 $z = z(x, y)$ 是由方程 $x^2 + y^2 - z = \varphi(x+y+z)$ 所确定的函数,其中 φ 具有二阶连续导数,且 $\varphi' \neq 0$.

  (1) 求 $\mathrm{d}z$;

  (2) 记 $u(x, y) = \dfrac{1}{x-y}\left(\dfrac{\partial z}{\partial x} - \dfrac{\partial z}{\partial y}\right)$,求 $\dfrac{\partial u}{\partial x}$.

  五、设函数 $z = z(x, y)$ 具有二阶连续偏导数,令 $u = x - 2\sqrt{y}$,$v = x + 2\sqrt{y}$,以 u, v 作为新的自变量变换方程 $\dfrac{\partial^2 z}{\partial x^2} - y \dfrac{\partial^2 z}{\partial y^2} = \dfrac{1}{2} \dfrac{\partial z}{\partial y}(y > 0)$,并求解此方程.

六、已知函数 $z=f(x,y)$ 的全微分为 $\mathrm{d}z=2x\mathrm{d}x+2y\mathrm{d}y$，且 $f(1,1)=2$，求函数 $z=f(x,y)$ 在圆域 $D=\{(x,y)\mid(x-\sqrt{2})^2+(y-\sqrt{2})^2\leqslant 9\}$ 上的最大值和最小值.

七、设区域 $D=\{(x,y)\mid x^2+y^2\leqslant\sqrt{2},x\geqslant 0,y\geqslant 0\}$，$[1+x^2+y^2]$ 表示不超过 $1+x^2+y^2$ 的最大整数，计算二重积分 $\iint\limits_{D}xy[1+x^2+y^2]\mathrm{d}x\mathrm{d}y.$

春季学期期中考试测试题(六)

一、填空题

1. 已知 $z=f(u)$，$u=\psi(u)+\int_{y}^{x}p(t)\mathrm{d}t$，其中 $f(u)$ 可微，$\psi'(u)$ 连续且 $\psi'(u)\neq 1$，$p(t)$ 连续，则 $p(y)\dfrac{\partial z}{\partial x}+p(x)\dfrac{\partial z}{\partial y}=$ _____.

2. 函数 $f(x,y,z)=\cos(xyz)$ 在点 $\left(\dfrac{1}{3},\dfrac{1}{3},\pi\right)$ 处函数值增加最快的方向是 _____.

3. 设函数 $f(x,y)$ 连续，且 $f(x,y)=xy+\iint\limits_{D}f(x,y)\mathrm{d}x\mathrm{d}y$，其中 D 是由抛物线 $y=x^2$ 与直线 $x=1$，$y=0$ 围成的区域，则 $f(x,y)=$ _____.

4. $\lim\limits_{t\to 0^{+}}\dfrac{1}{t^2}\int_{0}^{t}\mathrm{d}x\int_{0}^{t-x}\mathrm{e}^{x^2+y^2}\mathrm{d}y=$ _____.

5. 设函数 $f(x)$ 具有连续导数，$a>0$，则 $\int_{0}^{a}\mathrm{d}x\int_{0}^{x}\dfrac{f'(y)}{\sqrt{(a-x)(x-y)}}\mathrm{d}y=$ _____.

二、选择题

1. 具有特解 $y_1=3\mathrm{e}^x$，$y_2=\sin 2x$，$y_3=2\mathrm{e}^x-\cos 2x$ 的三阶常系数齐次线性微分方程是( ).

(A) $y'''+y''-4y'-4y=0$

(B) $y'''+y''+4y'+4y=0$

(C) $y'''+y''-4y'+4y=0$

(D) $y'''-y''+4y'-4y=0$

2. 如果函数 $f(x,y)$ 在点 $(0,0)$ 处连续，则下列命题正确的是( ).

(A) 若 $\lim\limits_{\substack{x\to 0\\y\to 0}}\dfrac{f(x,y)}{|x|+|y|}$ 存在，则 $f(x,y)$ 在点 $(0,0)$ 处可微

(B) 若 $\lim\limits_{\substack{x\to 0\\y\to 0}}\dfrac{f(x,y)}{x^2+y^2}$ 存在，则 $f(x,y)$ 在点 $(0,0)$ 处可微

(C) 若 $f(x,y)$ 在点 $(0,0)$ 处可微，则 $\lim\limits_{\substack{x\to 0\\y\to 0}}\dfrac{f(x,y)}{|x|+|y|}$ 存在

(D) 若 $f(x,y)$ 在点 $(0,0)$ 处可微，则 $\lim\limits_{\substack{x\to 0\\y\to 0}}\dfrac{f(x,y)}{x^2+y^2}$ 存在

3. 设 D 为 xOy 平面上的有界闭区域，函数 $z=f(x,y)$ 在 D 上连续，在 D 内有偏导数且满足 $\dfrac{\partial z}{\partial x}+\dfrac{\partial z}{\partial y}=-z$，若 $f(x,y)$ 在 D 内没有零点，则 $f(x,y)$ 在 D 上( ).

(A) 最大值和最小值只能在 D 的边界上取到

(B) 最大值和最小值只能在 D 内取到

(C) 有最大值，无最小值

(D) 有最小值，无最大值

4. 设区域 $D=\{(x,y)\mid x^2+y^2\leqslant 1\}$，并设 $M=\iint\limits_{D}(x+y)^3\mathrm{d}x\mathrm{d}y$，$N=\iint\limits_{D}\sin^2 x\cos^2 y\mathrm{d}x\mathrm{d}y$，$P=\iint\limits_{D}(\mathrm{e}^{-(x^2+y^2)}-1)\mathrm{d}x\mathrm{d}y$，则有( ).

(A) $P<N<M$ (B) $P<M<N$

(C) $N<P<M$ (D) $M<P<N$

5. 将 $I=\int_{\frac{\pi}{4}}^{\frac{\pi}{2}}\mathrm{d}\theta\int_{0}^{2\sin\theta}rf(r\cos\theta,r\sin\theta)\mathrm{d}r$ 化成直角坐标下的累次积分，则 $I=$ ( ).

(A) $\int_0^1 \mathrm{d}x \int_x^{\sqrt{1-x^2}} f(x,y)\mathrm{d}y$

(B) $\int_0^1 \mathrm{d}x \int_{1-\sqrt{1-x^2}}^x f(x,y)\mathrm{d}y$

(C) $\int_0^1 \mathrm{d}y \int_0^y f(x,y)\mathrm{d}x + \int_1^2 \mathrm{d}y \int_0^{\sqrt{2y-y^2}} f(x,y)\mathrm{d}x$

(D) $\int_0^1 \mathrm{d}y \int_y^{\sqrt{2y-y^2}} f(x,y)\mathrm{d}x$

三、设函数 $f(x)$ 在 $[1,+\infty)$ 上具有二阶连续偏导数,且 $f(1)=0, f'(1)=1$,又函数 $z=(x^2+y^2)f(x^2+y^2)$ 满足方程 $\dfrac{\partial^2 z}{\partial x^2}+\dfrac{\partial^2 z}{\partial y^2}=0$,求 $f(x)$ 在 $[1,+\infty)$ 上的最大值.

四、求由方程 $x^2-6xy+10y^2-2yz-z^2+18=0$ 所确定的隐函数 $z=z(x,y)$ 的驻点,并判断在驻点处 $z=z(x,y)$ 是否取极值.

五、计算二重积分 $\iint\limits_{D}(x-y)\mathrm{d}x\mathrm{d}y$,其中 $D=\{(x,y)\mid (x-1)^2+(y-1)^2\leqslant 2, y\geqslant x\}$.

六、设 $f(x)$ 在 $[0,1]$ 上有连续导数，$f(0)=1$，且 $\iint\limits_{D_t} f'(x+y)\mathrm{d}x\mathrm{d}y = \iint\limits_{D_t} f(t)\mathrm{d}x\mathrm{d}y$，其中 $D_t = \{(x,y) \mid 0 \leqslant y \leqslant t-x, 0 \leqslant x \leqslant t\}(0 < t < 1)$，求 $f(x)$ 的表达式.

七、设函数 $f(x), g(x)$ 在 $[0,1]$ 上连续且具有相同的单调性，证明：$\int_0^1 f(x)\mathrm{d}x \int_0^1 g(x)\mathrm{d}x \leqslant \int_0^1 f(x)g(x)\mathrm{d}x.$

春季学期期中考试测试题(七)

一、填空题

1. 设函数 $u(x,y,z),v(x,y,z)$ 均具有连续的偏导数,则 $u=u(x,y,z)$ 在 $v=v(x,y,z)$ 的梯度方向上的方向导数为零的充要条件是_____.

2. 设 P 是椭球面 $\Sigma: x^2+y^2+z^2-xy=1$ 上的动点,若 Σ 在点 P 处的切平面与 yOz 平面垂直,则点 P 的轨迹方程为_____.

3. 设函数 $f(u)$ 具有二阶连续导数,$z=f(e^x\sin y)$ 满足 $\dfrac{\partial^2 z}{\partial x^2}+\dfrac{\partial^2 z}{\partial y^2}=e^{2x}z$,则 $f(u)=$_____.

4. 设函数 $f(x)$ 在 $(-\infty,+\infty)$ 上有连续导数,且满足方程 $f(t)=2\iint\limits_{D_t}(x^2+y^2)f(\sqrt{x^2+y^2})\,\mathrm{d}x\mathrm{d}y+t^4(t\geqslant 0)$,其中 $D_t=\{(x,y)\mid x^2+y^2\leqslant t^2\}$,则 $f(t)=$_____.

5. 设函数 $f(x,y)$ 在单位圆域 $x^2+y^2\leqslant 1$ 上有连续偏导数且在其边界上取值为零,又设 $D_\varepsilon=\{(x,y)\mid\varepsilon\leqslant x^2+y^2\leqslant 1\}$,则 $\lim\limits_{\varepsilon\to 0^+}\dfrac{1}{2\pi}\iint\limits_{D_\varepsilon}\dfrac{xf'_x(x,y)+yf'_y(x,y)}{x^2+y^2}\mathrm{d}\sigma=$_____.

二、选择题

1. 函数 $f(x,y)$ 在点 (x_0,y_0) 处可微,则下列结论不一定成立的是(　　).

(A) $f(x,y)$ 在点 (x_0,y_0) 处连续

(B) $f(x,y)$ 在点 (x_0,y_0) 处有连续的偏导数

(C) 存在点 (x_0,y_0) 的某邻域,在该邻域内 $f(x,y)$ 有界

(D) 曲面 $z=f(x,y)$ 在点 $(x_0,y_0,f(x_0,y_0))$ 处有切平面

2. 已知 $(axy^3-y^2\cos x)\mathrm{d}x+(1+by\sin x+3x^2y^2)\mathrm{d}y$ 为某二元函数 $f(x,y)$ 的全微分,则 a,b 的值分别是(　　).

(A) $-2,2$　　　　　(B) $2,-2$

(C) $-3,3$　　　　　(D) $3,-3$

3. 设函数 $f(x,y)$ 在点 $(0,0)$ 的某邻域内连续,则 $f(0,0)$ 为 $f(x,y)$ 的极值的充分条件是(　　).

(A) $\lim\limits_{\substack{x\to 0\\y\to 0}}\dfrac{f(x,y)-xy}{(x^2+y^2)^2}=1$

(B) $\lim\limits_{\substack{x\to 0\\y\to 0}}\dfrac{f(x,y)-x^2-y^2}{(x^2-y^2)^2}=1$

(C) $\lim\limits_{\substack{x\to 0\\y\to 0}}\dfrac{f(x,y)-x\sin y}{(x^2+y^2)^2}=1$

(D) $\lim\limits_{\substack{x\to 0\\y\to 0}}\dfrac{f(x,y)-x^2+y^2}{(x^2+y^2)^2}=1$

4. 设区域 $D=\{(x,y)\mid x^2+y^2\leqslant 1\}$,则 $\iint\limits_{D}|y+\sqrt{3}x|\mathrm{d}x\mathrm{d}y=$(　　).

(A) $\dfrac{8}{3}$　　(B) $-\dfrac{8}{3}$　　(C) 0　　(D) $\dfrac{16}{3}$

5. 设 $f(x)$ 在区间 $[0,1]$ 上连续,且 $\int_0^1 f(x)\mathrm{d}x=2$,则积分 $\int_0^1\mathrm{d}x\int_x^1 f(x)f(y)\mathrm{d}y$ 的值等于(　　).

(A) 1　　　(B) 2　　　(C) 3　　　(D) 4

三、设函数 $f(x,y)$ 具有二阶连续偏导数，且满足 $\dfrac{\partial^2 f}{\partial x^2}+\dfrac{\partial^2 f}{\partial y^2}=1$，又设 $g(x,y)=f\left(xy,\dfrac{x^2-y^2}{2}\right)$，求 $\dfrac{\partial^2 g}{\partial x^2}+\dfrac{\partial^2 g}{\partial y^2}$.

四、已知椭球面 $\Sigma:\dfrac{x^2}{2}+y^2+\dfrac{z^2}{4}=1$ 和平面 $\pi:2x+2y+z+5=0$，求：

(1) 椭球面 Σ 上平行于平面 π 的切平面方程；

(2) 椭球面 Σ 与平面 π 之间的最短距离.

五、设 $y=y(x)$ 在 $(-\infty,+\infty)$ 内二阶可导，且 $y'\neq 0$，$x=x(y)$ 是 $y=y(x)$ 的反函数.

(1) 试将 $x=x(y)$ 所满足的微分方程 $\dfrac{\mathrm{d}^2 x}{\mathrm{d}y^2}+(y+\sin x)\cdot\left(\dfrac{\mathrm{d}x}{\mathrm{d}y}\right)^3=0$ 变为 $y=y(x)$ 的微分方程；

(2) 求变换后的微分方程满足条件 $y(0)=0$，$y'(0)=\dfrac{3}{2}$ 的解.

六、计算二重积分 $\iint\limits_{D} r^2 \sin\theta \sqrt{1 - r^2 \cos(2\theta)}\, \mathrm{d}r\mathrm{d}\theta$，其中区域 $D = \left\{ (x, y) \left| 0 \leqslant r \leqslant \sec\theta, 0 \leqslant \theta \leqslant \dfrac{\pi}{4} \right. \right\}$.

七、设函数 $f(x, y)$ 可微，且 $\dfrac{\partial}{\partial x} f(x, y) = -f(x, y)$，$\lim\limits_{n \to \infty} \left[\dfrac{f\left(0, y + \dfrac{1}{n}\right)}{f(0, y)} \right]^n = \mathrm{e}^{\cot y}$，$f\left(0, \dfrac{\pi}{2}\right) = 1$，求 $f(x, y)$.

春季学期期末考试测试题(一)

一、填空题

1.已知曲线 $L:y=x^2(0\leqslant x\leqslant\sqrt{2})$,则 $\int_L x\,\mathrm{d}s=$ _____.

2.已知幂级数 $\sum_{n=0}^{\infty}a_n(x+2)^n$ 在 $x=0$ 处收敛,在 $x=-4$ 处发散,则幂级数 $\sum_{n=0}^{\infty}a_n(x-3)^n$ 的收敛域为_____.

3. 设有数量场 $u=\ln\sqrt{x^2+y^2+z^2}$,则 $\mathrm{div}(\mathrm{grad}\,u)=$ _____.

4.设区域 Ω 由曲面 $z=xy$ 及平面 $y=x,x=1,z=0$ 所围成,则三重积分 $\iiint_\Omega xy^2z^3\mathrm{d}x\mathrm{d}y\mathrm{d}z=$ _____.

5.设 L 为顺时针方向圆周 $x^2+(y-1)^2=4$,则曲线积分 $\oint_L\dfrac{x\,\mathrm{d}y-y\,\mathrm{d}x}{x^2+(y-1)^2}=$ _____.

二、选择题

1.若级数 $\sum_{n=1}^{\infty}a_n^2$ 收敛,则 $\sum_{n=1}^{\infty}(-1)^na_n$( ).

(A) 必绝对收敛　　　　(B) 必条件收敛

(C) 必发散　　　　　　(D) 可能收敛,也可能发散

2.设 $\Omega=\{(x,y,z)\,|\,x^2+y^2+z^2\leqslant R^2,z\geqslant0\}$,$\Omega_1=\{(x,y,z)\,|\,x^2+y^2+z^2\leqslant R^2,x\geqslant0,y\geqslant0,z\geqslant0\}$,则( ).

(A) $\iiint_\Omega x\,\mathrm{d}V=4\iiint_{\Omega_1}x\,\mathrm{d}V$

(B) $\iiint_\Omega y\,\mathrm{d}V=4\iiint_{\Omega_1}y\,\mathrm{d}V$

(C) $\iiint_\Omega z\,\mathrm{d}V=4\iiint_{\Omega_1}z\,\mathrm{d}V$

(D) $\iiint_\Omega xyz\,\mathrm{d}V=4\iiint_{\Omega_1}xyz\,\mathrm{d}V$

3.由半球面 $z=1+\sqrt{1-x^2-y^2}$ 与锥面 $z=\sqrt{x^2+y^2}$ 所围成立体的体积为( ).

(A) $4\displaystyle\int_0^{\frac{\pi}{2}}\mathrm{d}\theta\int_0^1 r\,\mathrm{d}r\int_r^2\mathrm{d}z$

(B) $4\displaystyle\int_0^{\frac{\pi}{2}}\mathrm{d}\theta\int_0^1 r\,\mathrm{d}r\int_r^{1+\sqrt{1-r^2}}\mathrm{d}z$

(C) $4\displaystyle\int_0^{\frac{\pi}{2}}\mathrm{d}\theta\int_0^{\frac{\pi}{4}}\mathrm{d}\varphi\int_0^{2\cos\varphi}r\,\mathrm{d}r$

(D) $4\displaystyle\int_0^{\frac{\pi}{2}}\mathrm{d}\theta\int_0^{\frac{\pi}{4}}r\,\mathrm{d}\varphi\int_r^{2\cos\varphi}r^2\sin\varphi\,\mathrm{d}r$

4.设曲线积分 $\displaystyle\int_L(f(x)-\mathrm{e}^x)\sin y\,\mathrm{d}x-f(x)\cos y\,\mathrm{d}y$ 与路径无关,其中 $f(x)$ 具有一阶连续导数,且 $f(0)=0$,则 $f(x)=$ ( ).

(A) $\dfrac{\mathrm{e}^{-x}-\mathrm{e}^x}{2}$ 　　　　(B) $\dfrac{\mathrm{e}^x-\mathrm{e}^{-x}}{2}$

(C) $\dfrac{\mathrm{e}^x+\mathrm{e}^{-x}}{2}$ 　　　　(D) $1-\dfrac{\mathrm{e}^x+\mathrm{e}^{-x}}{2}$

5.设 Σ 是平面 $x+y+z=1$ 在第一卦限部分的上侧,则曲面积分 $\displaystyle\iint_\Sigma xy\,\mathrm{d}y\mathrm{d}z+yz\,\mathrm{d}z\mathrm{d}x+xz\,\mathrm{d}x\mathrm{d}y=$ ( ).

(A) $\dfrac{1}{8}$　　(B) $\dfrac{1}{4}$　　(C) $\dfrac{1}{6}$　　(D) $\dfrac{2}{3}$

三、计算曲线积分 $\displaystyle\oint_L e^x(1-\cos y)\,\mathrm{d}x - e^x(y-\sin y)\,\mathrm{d}y$,其中 L 是区域 $D=\{(x,y)\mid 0\leqslant x\leqslant \pi,0\leqslant y\leqslant \sin x\}$ 的正向边界曲线.

四、计算曲面积分 $\displaystyle\oiint_{\Sigma} 2xz\,\mathrm{d}y\mathrm{d}z + yz\,\mathrm{d}z\mathrm{d}x - z^2\,\mathrm{d}x\mathrm{d}y$,其中 Σ 是锥面 $z=\sqrt{x^2+y^2}$ 与半球面 $z=\sqrt{2-x^2-y^2}$ 所围立体表面的外侧.

五、证明：在半平面 $D = \{(x,y) \mid x+y > 0\}$ 上表达式 $\dfrac{(x^2+2xy+5y^2)\,dx + (x^2-2xy+y^2)\,dy}{(x+y)^3}$ 是某二元函数 $u(x, y)$ 的全微分，并求出 $u(x, y)$.

六、将函数 $f(x) = \dfrac{1}{x^2-3x-4}$ 展开成 $x-1$ 的幂级数，并指出收敛区间.

七、求幂级数 $\displaystyle\sum_{n=0}^{\infty} \dfrac{4n^2+4n+3}{2n+1}x^{2n}$ 的收敛域及和函数.

春季学期期末考试测试题(二)

一、填空题

1. 设有向量场 $\boldsymbol{A} = xy^2\boldsymbol{i} + yz^2\boldsymbol{j} + zx^2\boldsymbol{k}$,则 $\mathrm{rot}\,\boldsymbol{A}\,|_{(1,0,-1)} = $ _____.

2. 线密度为 $\rho = x^2 + y$ 的上半圆周 $x^2 + y^2 = r^2, y \geq 0$ 的质心坐标为 _____.

3. 抛物面 $z = x^2 + y^2$ 在 $z \leq 1$ 部分的面积为 _____.

4. 设区域 $\Omega = \left\{ (x,y,z) \,\middle|\, x^2 + \dfrac{y^2}{4} + \dfrac{z^2}{9} \leq 1, 0 \leq z \leq 1 \right\}$,则三重积分 $\displaystyle\iiint\limits_{\Omega} z^2 \mathrm{d}x\,\mathrm{d}y\,\mathrm{d}z = $ _____.

5. 设 L 是抛物面 $z = x^2 + y^2$ 与平面 $x + y + z = \dfrac{1}{2}$ 的交线,从 z 轴的正向看是逆时针方向,则曲线积分 $\displaystyle\oint_L y\mathrm{d}x - x\mathrm{d}y + \mathrm{d}z = $ _____.

二、选择题

1. 设有两个数列 $\{a_n\}$,$\{b_n\}$,若 $\lim\limits_{n\to\infty} a_n = 0$,则( ).

(A) 若级数 $\displaystyle\sum_{n=1}^{\infty} b_n$ 收敛,则级数 $\displaystyle\sum_{n=1}^{\infty} a_n b_n$ 收敛

(B) 若级数 $\displaystyle\sum_{n=1}^{\infty} b_n$ 发散,则级数 $\displaystyle\sum_{n=1}^{\infty} a_n b_n$ 发散

(C) 若级数 $\displaystyle\sum_{n=1}^{\infty} |b_n|$ 收敛,则级数 $\displaystyle\sum_{n=1}^{\infty} a_n^2 b_n^2$ 收敛

(D) 若级数 $\displaystyle\sum_{n=1}^{\infty} |b_n|$ 发散,则级数 $\displaystyle\sum_{n=1}^{\infty} a_n^2 b_n^2$ 发散

2. 已知 $\alpha > 0$,级数 $\displaystyle\sum_{n=1}^{\infty} (-1)^n \sqrt{n} \sin\dfrac{1}{n^\alpha}$ 绝对收敛,级数 $\displaystyle\sum_{n=1}^{\infty} \dfrac{(-1)^n}{n^{2-\alpha}}$ 条件收敛,则 α 的范围为( ).

(A) $0 < \alpha \leq \dfrac{1}{2}$ \qquad (B) $\dfrac{1}{2} < \alpha \leq 1$

(C) $1 < \alpha \leq \dfrac{3}{2}$ \qquad (D) $\dfrac{3}{2} < \alpha < 2$

3. 设 Σ 是球面 $x^2 + y^2 + z^2 = a^2$ 的外侧,α, β, γ 为其法向量的方向角,则曲面积分 $\displaystyle\oiint_{\Sigma} (x^3\cos\alpha + y^3\cos\beta + z^3\cos\gamma)\,\mathrm{d}S = $( ).

(A) $4\pi a^5$ \quad (B) $\dfrac{12}{5}\pi a^5$ \quad (C) $4\pi a^4$ \quad (D) $\dfrac{6}{5}\pi a^5$

4. 设 $S_1 = 4\pi a^2$ 为球面 $x^2 + y^2 + z^2 = a^2$ 的面积,S_2 为圆柱面 $x^2 + y^2 = ax$ 含在球面 $x^2 + y^2 + z^2 = a^2$ 内部的面积,则比值 $\dfrac{S_1}{S_2} = $( ).

(A) π \qquad (B) 2π \qquad (C) $\dfrac{3\pi}{2}$ \qquad (D) $\dfrac{3\pi}{\sqrt{2}}$

5. 设 $L_1: x^2 + y^2 = 1$,$L_2: x^2 + y^2 = 2$,$L_3: x^2 + 2y^2 = 2$,$L_4: 2x^2 + y^2 = 2$ 为四条逆时针平面曲线,记 $I_i = \displaystyle\oint_{L_i} \left(y + \dfrac{y^3}{3} \right)\mathrm{d}x + \left(2x - \dfrac{x^3}{3} \right)\mathrm{d}y$,则 $\max\limits_{1 \leq i \leq 4} \{I_i\} = $( ).

(A) I_1 \qquad (B) I_2 \qquad (C) I_3 \qquad (D) I_4

三、计算累次积分 $\displaystyle\int_{-1}^{1}\mathrm{d}x\int_{0}^{\sqrt{1-x^2}}\mathrm{d}y\int_{0}^{1+\sqrt{1-x^2-y^2}}\frac{1}{\sqrt{x^2+y^2+z^2}}\mathrm{d}z.$

五、已知物质曲线 $L:\begin{cases}x^2+y^2+z^2=R^2\\x^2+y^2=Rx\end{cases}(z\geqslant 0)$ 的线密度为 $\rho(x,y,z)=\sqrt{x}$，求其对三个坐标轴的转动惯量之和 $I_x+I_y+I_z.$

四、已知 L 是第一象限中从点 $(0,0)$ 沿圆周 $x^2+y^2=2x$ 到点 $(2,0)$，再沿圆周 $x^2+y^2=4$ 到点 $(0,2)$ 的曲线段，计算曲线积分 $\displaystyle\int_L 3x^2y\mathrm{d}x+(x^3+x-2y)\mathrm{d}y.$

六、计算曲面积分 $\iint\limits_{\Sigma} x(8y+1)\,\mathrm{d}y\mathrm{d}z + 2(1-y^2)\,\mathrm{d}z\mathrm{d}x - 4yz\,\mathrm{d}x\mathrm{d}y$,其中 Σ 是由曲线 $\begin{cases} z=\sqrt{y-1} \\ x=0 \end{cases}$,$1\leqslant y\leqslant 3$ 绕 y 轴旋转一周所形成的旋转曲面,它的法向量与 y 轴正向夹角大于 $\dfrac{\pi}{2}$.

七、求幂级数 $\sum\limits_{n=1}^{\infty} \dfrac{(-1)^{n-1}}{n(2n-1)} x^{2n-1}$ 的收敛半径、收敛域及和函数.

$0, f(2) = 1$ 且 $\text{div}(\text{grad}\, u) = 0$，则函数值 $u|_{(1,1,1)} = ($　　$)$.

(A)$1 - \sqrt{3}$　　　　(B)$1 - \dfrac{\sqrt{3}}{2}$

(C)$1 - \dfrac{\sqrt{3}}{3}$　　　　(D)$1 - \dfrac{\sqrt{3}}{4}$

春季学期期末考试测试题(三)

一、填空题

1. 设 L 是顺时针方向的椭圆 $\dfrac{x^2}{4} + y^2 = 1$，若其周长记为 a，则

曲线积分 $\oint_L (xy + x^2 + 4y^2)\,\mathrm{d}s = $ _____.

2. 一均匀物体(密度 μ 为常数)占有的区域 Ω 是由抛物面 $z = x^2 + y^2$ 与平面 $z = 0$，$|x| = a$，$|y| = a$ 围成的，则该物体关于 z 轴的转动惯量为 _____.

3. 设函数 $f(x, y)$ 连续，且满足 $f(x, y) = x^2 \oiint\limits_{\Sigma} f(x, y)\,\mathrm{d}S + xy + 1$，其中 Σ 为球面 $x^2 + y^2 + z^2 = 1$，则 $f(x, y) = $ _____.

4. 设有幂级数 $\sum\limits_{n=0}^{\infty} a_n \left(\dfrac{x+1}{2}\right)^n$，若 $\lim\limits_{n \to \infty} \left|\dfrac{a_{n+1}}{a_n}\right| = 3$，则该幂级数的收敛区间为 _____.

5. 设函数 $f(x) = \begin{cases} 1 - \dfrac{x}{2}, & 0 \leqslant x \leqslant 2 \\ 2, & 2 < x < 4 \end{cases}$ 的正弦级数为 $S(x) = $

$\sum\limits_{n=1}^{\infty} b_n \sin \dfrac{n\pi x}{4}$，其中 $b_n = \dfrac{1}{2} \int_0^4 f(x) \sin \dfrac{n\pi x}{4}\,\mathrm{d}x$，$n = 1, 2, \cdots$，则

$S(-18) = $ _____.

二、选择题

1. 设 $u = \dfrac{f(r)}{r}$，其中 $r = \sqrt{x^2 + y^2 + z^2}$，$f(r)$ 二阶可导，$f(1) = $

2. 下列命题中正确的是(　　).

(A) 若正项级数 $\sum\limits_{n=1}^{\infty} a_n$ 发散，则 $a_n \geqslant \dfrac{1}{n}$($n$ 为所有正整数)

(B) 若级数 $\sum\limits_{n=1}^{\infty} (a_{n-1} + a_n)$ 收敛，则级数 $\sum\limits_{n=1}^{\infty} a_n$ 收敛

(C) 若级数 $\sum\limits_{n=1}^{\infty} a_n$，$\sum\limits_{n=1}^{\infty} b_n$ 至少有一个发散，则级数 $\sum\limits_{n=1}^{\infty} (|a_n| + |b_n|)$ 发散

(D) 若级数 $\sum\limits_{n=1}^{\infty} |a_n b_n|$ 收敛，则级数 $\sum\limits_{n=1}^{\infty} a_n^2$，$\sum\limits_{n=1}^{\infty} b_n^2$ 均收敛

3. 设函数 $f(x) = \pi x + x^2 (-\pi < x < \pi)$ 的傅里叶级数展开式为 $\dfrac{a_0}{2} + \sum\limits_{n=1}^{\infty} (a_n \cos nx + b_n \sin nx)$，其中系数 $b_3 = ($　　$)$.

(A)π　　　(B)$\dfrac{\pi}{2}$　　　(C)$\dfrac{2\pi}{3}$　　　(D)-2π

4. 设函数 $f(x)$ 在区间 $[0, 2]$ 上连续，则曲线积分

$\int_{(0,0)}^{(1,2)} yf(xy)\,\mathrm{d}x + xf(xy)\,\mathrm{d}y = ($　　$)$.

(A)$\int_0^1 f(x)\,\mathrm{d}x$　　　　(B)$\int_0^2 f(x)\,\mathrm{d}x$

(C)$f(1) - f(0)$　　　　(D)$f(2) - f(0)$

5. 设 Σ 为球面 $x^2 + y^2 + z^2 = R^2$，则下列同一组的两个积分均为零的是(　　).

(A) $\oiint\limits_{\Sigma} x^2 \mathrm{d}S, \oiint\limits_{\Sigma} x^2 \mathrm{d}y\mathrm{d}z$　　(B) $\oiint\limits_{\Sigma} y \mathrm{d}S, \oiint\limits_{\Sigma} x \mathrm{d}y\mathrm{d}z$

(C) $\oiint\limits_{\Sigma} x \mathrm{d}S, \oiint\limits_{\Sigma} x^2 \mathrm{d}y\mathrm{d}z$　　(D) $\oiint\limits_{\Sigma} xy \mathrm{d}S, \oiint\limits_{\Sigma} xy^2 \mathrm{d}y\mathrm{d}z.$

三、设一高度为 $h(t)$(t 为时间) 的雪堆在融化过程中，其侧面满足方程 $z = h(t) - \dfrac{2(x^2 + y^2)}{h(t)}$(设长度单位为 cm，时间单位为 h)，已知体积减少的速率与侧面积成正比(比例系数为 0.9)，问高度为 130 cm 的雪堆全部融化需要多少小时?

四、设函数 $f(x)$ 在 $(-\infty, +\infty)$ 内具有连续导数，L 是上半平面 $y > 0$ 内有向分段光滑的曲线，设起点为 (a, b)，终点为 (c, d)，记 $I = \int_L \dfrac{1}{y}[1 + y^2 f(xy)]\mathrm{d}x + \dfrac{x}{y^2}[y^2 f(xy) - 1]\mathrm{d}y.$

(1) 证明：曲线积分与路径无关；

(2) 当 $ab = cd$ 时，求 I 的值.

五、计算曲面积分 $\iint\limits_{\Sigma} \dfrac{ax\,\mathrm{d}y\mathrm{d}z + (z+a)^2\mathrm{d}x\mathrm{d}y}{\sqrt{x^2+y^2+z^2}}$，其中 Σ 为下半球面 $z = -\sqrt{a^2-x^2-y^2}$ 的上侧，a 为大于零的常数.

六、计算曲线积分 $\oint_L (y^2-z^2)\,\mathrm{d}x + (2z^2-x^2)\,\mathrm{d}y + (3x^2-y^2)\,\mathrm{d}z$，其中 L 是平面 $x+y+z=2$ 与柱面 $|x|+|y|=1$ 的交线，从 z 轴正向看去 L 是逆时针方向.

七、设数列 $\{a_n\}$ 单调递减，$a_n > 0\,(n=1,2,\cdots)$，且级数 $\displaystyle\sum_{n=1}^{\infty} (-1)^{n-1}a_n$ 发散，讨论级数 $\displaystyle\sum_{n=1}^{\infty} \left(1 - \dfrac{a_{n+1}}{a_n}\right)$ 的敛散性.

春季学期期末考试测试题(四)

一、填空题

1. 设有向量场 $\boldsymbol{A} = x\mathrm{e}^y\boldsymbol{i} + xyz\boldsymbol{j} + z\mathrm{e}^z\boldsymbol{k}$,则 $\mathrm{grad}(\mathrm{div}\,\boldsymbol{A}) =$ _____.

2. 幂级数 $\displaystyle\sum_{n=1}^{\infty} \frac{n}{(-3)^n + 2^n}x^{2n-1}$ 的收敛半径 $R =$ _____.

3. 微分方程 $(3x^2 + y^2 - 1)\mathrm{d}x + (2xy - y^3)\mathrm{d}y = 0$ 的通解为 _____.

4. 设 Σ 是平面 $\dfrac{x}{2} + \dfrac{y}{3} + \dfrac{z}{4} = 1$ 在第一卦限的部分,则曲面积分 $\displaystyle\iint_{\Sigma}\left(2x + \frac{4}{3}y + z\right)\mathrm{d}S =$ _____.

5. 设函数 $f(u)$ 连续,$f(0) = 1$,区域 $\Omega = \{(x,y,z) \mid x^2 + y^2 \leqslant t^2, 0 \leqslant z \leqslant 1\}$,$F(t) = \displaystyle\iiint_{\Omega}[z^2 + f(x^2 + y^2)]\mathrm{d}x\mathrm{d}y\mathrm{d}z$,则 $\displaystyle\lim_{t \to 0^+}\frac{F(t)}{t^2} =$ _____.

二、选择题

1. 给定级数 $\displaystyle\sum_{n=1}^{\infty}\left[\frac{\sin n}{n^2} + (-1)^n\ln\left(1 + \frac{|k|}{n}\right)\right]$,其中 k 是非零常数,则( ).

(A) 级数绝对收敛

(B) 级数条件收敛

(C) 级数发散

(D) 级数的敛散性依赖于 k

2. 下列曲线积分能明确计算的是( ).

(A) $\displaystyle\int_{(0,0,0)}^{(1,1,1)} y^2z^3\,\mathrm{d}x + 2xyz^3\,\mathrm{d}y + 3xy^2z^2\,\mathrm{d}z$

(B) $\displaystyle\int_{(0,0,0)}^{(1,1,1)} yz\,\mathrm{d}x + xy^2z\,\mathrm{d}y + xyz^2\,\mathrm{d}z$

(C) $\displaystyle\int_{(0,0,0)}^{(1,1,1)} xy\,\mathrm{d}x + yz\,\mathrm{d}y + zx\,\mathrm{d}z$

(D) $\displaystyle\int_{(0,0,0)}^{(1,1,1)} z^2x\,\mathrm{d}x + 2yz^2\,\mathrm{d}y + 3xy\,\mathrm{d}z$

3. 设 $a_n > 0(n = 1,2,\cdots)$,则下列命题中正确的是( ).

(A) 若级数 $\displaystyle\sum_{n=1}^{\infty} a_n$ 收敛,则 $\displaystyle\lim_{n\to\infty} na_n = 0$

(B) 若 $\displaystyle\lim_{n\to\infty} na_n = 0$,则级数 $\displaystyle\sum_{n=1}^{\infty} a_n$ 收敛

(C) 若 $\dfrac{a_{n+1}}{a_n} \leqslant \left(1 - \dfrac{1}{n+1}\right)^2$,则级数 $\displaystyle\sum_{n=1}^{\infty} a_n$ 收敛

(D) 若级数 $\displaystyle\sum_{n=1}^{\infty} a_n$ 收敛,则极限 $\displaystyle\lim_{n\to\infty}\frac{a_{n+1}}{a_n}$ 存在且极限值不超过 1

4. 设 L 是以点 $(1,0)$ 为中心、$R > 1$ 为半径的圆周,取逆时针方向,则曲线积分 $\displaystyle\oint_L \frac{-y\mathrm{d}x + x\mathrm{d}y}{4x^2 + y^2} = ($).

(A) π 　　　(B) 0 　　　(C) $-\pi$ 　　　(D) $-\dfrac{\pi}{2}$

5. 设函数 $u(x,y), v(x,y)$ 在闭区域 $D = \{(x,y) \mid x^2 + y^2 \leqslant 1\}$ 上具有连续偏导数,且 $\boldsymbol{A}(x,y) = v(x,y)\boldsymbol{i} + u(x,y)\boldsymbol{j}$,$\boldsymbol{B}(x,y) = \left(\dfrac{\partial u}{\partial x} - \dfrac{\partial u}{\partial y}\right)\boldsymbol{i} + \left(\dfrac{\partial v}{\partial x} - \dfrac{\partial v}{\partial y}\right)\boldsymbol{j}$,在 D 的边界上 $u(x,y) \equiv 1, v(x,y) \equiv y$,则二重积分 $\displaystyle\iint_D \boldsymbol{A} \cdot \boldsymbol{B}\,\mathrm{d}x\mathrm{d}y = ($).

(A)0 　　　　(B)π 　　　　(C)$-\pi$ 　　　　(D)2π

三、设半径为 R 的球面 Σ 的球心在定球面 $x^2+y^2+z^2=a^2$ 上,问 R 取何值时,球面 Σ 在定球面内的面积最大?

四、求八分之一球面 $x^2+y^2+z^2=R^2(x\geqslant 0,y\geqslant 0,z\geqslant 0)$ 的边界曲线的质心坐标,设此曲线的线密度 $\rho=1$.

五、计算曲面积分 $\oiint\limits_{\Sigma}\dfrac{x\,\mathrm{d}y\,\mathrm{d}z+z^2\,\mathrm{d}x\,\mathrm{d}y}{x^2+y^2+z^2}$,其中曲面 Σ 为圆柱面 $x^2+y^2=R^2$ 与平面 $z=R,z=-R(R>0)$ 所围立体表面的外侧.

六、设函数 $f(x)$ 具有二阶连续导数，$f(0)=0$，$f'(0)=1$，且 $[xy(x+y)-yf(x)]dx+[f'(x)+x^2y]dy=0$ 为一全微分方程，求 $f(x)$ 及全微分方程的通解.

七、将函数 $f(x)=1-x^2$（$0 \leqslant x \leqslant \pi$）展开成余弦级数，并求级数 $\displaystyle\sum_{n=1}^{\infty} \frac{(-1)^n}{n^2}$ 的和.

春季学期期末考试测试题(五)

一、填空题

1. 设幂级数 $\sum_{n=0}^{\infty}\left(ax+\dfrac{1}{2}\right)^n (a>0)$ 的收敛区间为 $\left(-\dfrac{1}{2},b\right)$,则常数 $b=$ _____.

2. 设向量 $\boldsymbol{r}=x\boldsymbol{i}+y\boldsymbol{j}+z\boldsymbol{k}$, r 是 $\boldsymbol{r}$ 的模,则在 $r\neq 0$ 处 $\mathrm{rot}\left(\mathrm{grad}\,\dfrac{1}{r}\right)=$ _____.

3. 级数 $\sum_{n=1}^{\infty}\left(\sqrt{n+2}-2\sqrt{n+1}+\sqrt{n}\right)$ 的和 $S=$ _____.

4. 已知 L 是 $y=a\sin x(a>0)$ 上从点 $(0,0)$ 到点 $(\pi,0)$ 的一段曲线,则当曲线积分 $\int_{L}(x^2+y)\mathrm{d}x+(2xy+\mathrm{e}^{y^2})\mathrm{d}y$ 取得最大值时,$a=$ _____.

5. 设函数 $f(x,y,z)$ 连续,$f(0,0,0)=1$,区域 $\Omega=\{(x,y,z)\,|\,x^2+y^2+z^2\leqslant t^2\}$,$F(t)=\iiint\limits_{\Omega}f(x,y,z)\mathrm{d}x\mathrm{d}y\mathrm{d}z$,则 $\lim\limits_{t\to 0^+}\dfrac{F(t)}{t^3}=$ _____.

二、选择题

1. 设 $a_n>0(n=1,2,\cdots)$,且 $\sum_{n=1}^{\infty}a_n$ 收敛,常数 $\lambda\in\left(0,\dfrac{\pi}{2}\right)$,则级数 $\sum_{n=1}^{\infty}(-1)^n\left(n\tan\dfrac{\lambda}{n}\right)a_{2n}($).

(A) 绝对收敛 (B) 条件收敛
(C) 发散   (D) 敛散性与 λ 有关

2. 已知表达式 $\dfrac{(x+ay)\mathrm{d}x+y\mathrm{d}y}{(x+y)^2}$ 是某个函数的全微分,则常数 $a=($).

(A) -1 (B) 0 (C) 1 (D) 2

3. 设 Σ 为下半球面 $z=-\sqrt{a^2-x^2-y^2}$ 的上侧,Ω 是由 Σ 和平面 $z=0$ 所围的立体,则曲面积分 $\iint\limits_{\Sigma}z\mathrm{d}x\mathrm{d}y\neq($).

(A) $\int_0^{2\pi}\mathrm{d}\theta\int_0^a r\sqrt{a^2-r^2}\,\mathrm{d}r$

(B) $-\int_0^{2\pi}\mathrm{d}\theta\int_0^a r\sqrt{a^2-r^2}\,\mathrm{d}r$

(C) $-\iiint\limits_{\Omega}\mathrm{d}x\mathrm{d}y\mathrm{d}z$

(D) $\iint\limits_{\Sigma}(x+y+z)\mathrm{d}x\mathrm{d}y$

4. 设有平面力场 $\boldsymbol{F}=(2xy^3-y^2\sin x)\boldsymbol{i}+(y+2y\cos x+3x^2y^2)\boldsymbol{j}$,质点沿曲线 $L:x=-\dfrac{\pi}{2}y^2$ 从点 $(0,0)$ 移动到点 $\left(-\dfrac{\pi}{2},1\right)$,则力场 $\boldsymbol{F}$ 所做的功为( ).

(A) $-\dfrac{\pi}{2}$ (B) $\dfrac{2}{3}+\dfrac{\pi}{4}$

(C) $\dfrac{\pi^2}{4}$ (D) $\dfrac{1}{2}+\dfrac{\pi^2}{4}$

5. 设 $f(x)=\sum_{n=0}^{\infty}\dfrac{x^{2n}}{n!}$,则 $\int_0^x tf(t)\mathrm{d}t=($).

(A) $\dfrac{1}{2}[f(x)+1]$ (B) $\dfrac{1}{2}[f(x)-1]$

(C) $\dfrac{1}{2}[1-f(x)]$　　　(D) $\dfrac{1}{2}f(x)$

三、设有一半径为 R 的球体，P_0 是此球面上的一定点，球体上任一点的密度与该点到点 P_0 的距离平方成正比，求球体质心的位置.

四、设函数 $Q(x,y)$ 在 xOy 平面上具有连续偏导数，曲线积分 $\displaystyle\int_L 2xy\mathrm{d}x + Q(x,y)\mathrm{d}y$ 与路径无关，且对任意的 t，恒有

$$\int_{(0,0)}^{(t,1)} 2xy\mathrm{d}x+Q(x,y)\mathrm{d}y=\int_{(0,0)}^{(1,t)} 2xy\mathrm{d}x+Q(x,y)\mathrm{d}y,\ 求\ Q(x,y).$$

五、计算曲线积分 $\oint_C (y^2+z^2)\,\mathrm{d}x + (z^2+x^2)\,\mathrm{d}y + (x^2+y^2)\,\mathrm{d}z$，其中曲线 $C:\begin{cases} x^2+y^2+z^2 = 2Rx \\ x^2+y^2 = 2rx \end{cases} (R>r>0, z\geqslant 0)$，且从 z 轴正向看去，C 是逆时针方向.

七、设函数 $f(x) = \begin{cases} \dfrac{1+x^2}{x}\arctan x, & x \neq 0 \\ 1, & x = 0 \end{cases}$，试将 $f(x)$ 展开成 x 的幂级数，并求级数 $\sum\limits_{n=1}^{\infty} \dfrac{(-1)^n}{1-4n^2}$ 的和.

六、计算曲面积分 $\oiint\limits_{\Sigma} \dfrac{x\,\mathrm{d}y\mathrm{d}z + y\,\mathrm{d}z\mathrm{d}x + z\,\mathrm{d}x\mathrm{d}y}{(x^2+y^2+z^2)^{\frac{3}{2}}}$，其中 Σ 是曲面 $2x^2+2y^2+z^2 = 4$ 的外侧.

春季学期期末考试测试题(六)

一、填空题

1. 设 L 是球面 $x^2 + y^2 + z^2 = a^2$ 与平面 $x = z$ 相交的圆,则曲线积分 $\oint_L (\sqrt{y^2 + 2z^2} + xy)\,\mathrm{d}s =$ _____.

2. 设函数 f 连续,Σ 是抛物面 $z = x^2 + y^2$ 含在柱体 $x^2 + y^2 \leqslant 1, y \geqslant x$ 内的部分,则曲面积分 $\iint_\Sigma \left(\dfrac{x^2 - y}{\sqrt{1 + 4z}} + x^3 y^3 f(z) \right) \mathrm{d}S =$ _____.

3. 设函数 $f(x, y, z)$ 连续,Σ 为平面 $x - y + z = 1$ 在第四卦限部分的下侧,则曲线积分 $\iint_\Sigma [f(x, y, z) + x]\,\mathrm{d}y\mathrm{d}z + [2f(x, y, z) + y]\,\mathrm{d}z\mathrm{d}x + [f(x, y, z) + z]\,\mathrm{d}x\mathrm{d}y =$ _____.

4. 设函数 $f(x) = \begin{cases} 2x + 1, & 0 \leqslant x \leqslant \dfrac{1}{2} \\ 4x^2, & \dfrac{1}{2} < x < 1 \end{cases}$,且 $S(x) = \dfrac{a_0}{2} + \sum_{n=1}^{\infty} a_n \cos n\pi x \,(-\infty < x < +\infty)$,其中 $a_n = 2\int_0^1 f(x) \cos n\pi x\,\mathrm{d}x \,(n = 0, 1, 2, \cdots)$,则 $S\left(-\dfrac{5}{2}\right) =$ _____.

5. 幂级数 $\sum_{n=0}^{\infty} \dfrac{2n+1}{n!} x^{2n+1}$ 的和函数 $S(x) =$ _____.

二、选择题

1. 设 $u_n \neq 0 (n = 1, 2, \cdots)$,且 $\lim\limits_{n\to\infty} \dfrac{n}{u_n} = 1$,则级数 $\sum_{n=1}^{\infty} (-1)^{n+1} \left(\dfrac{1}{u_n} + \dfrac{1}{u_{n+1}} \right)$(　　).

(A) 发散 　　　　　　(B) 绝对收敛

(C) 条件收敛 　　　　(D) 敛散性不能确定

2. 设 $a_n > 0 (n = 1, 2, \cdots)$,若正项级数 $\sum_{n=1}^{\infty} a_n$ 发散,交错级数 $\sum_{n=1}^{\infty} (-1)^n a_n$ 收敛,则下列结论正确的是(　　).

(A) 若级数 $\sum_{n=1}^{\infty} a_{2n-1}$ 收敛,则级数 $\sum_{n=1}^{\infty} a_{2n}$ 发散

(B) 若级数 $\sum_{n=1}^{\infty} a_{2n}$ 收敛,则级数 $\sum_{n=1}^{\infty} a_{2n-1}$ 发散

(C) 级数 $\sum_{n=1}^{\infty} (a_{2n-1} + a_{2n})$ 收敛

(D) 级数 $\sum_{n=1}^{\infty} (a_{2n-1} - a_{2n})$ 收敛

3. 设 L 是逆时针方向椭圆 $\dfrac{x^2}{4} + \dfrac{y^2}{9} = 1$,则曲线积分 $\oint_L (9x^2 + 4y^2)(|y|\,\mathrm{d}x + 2|x|\,\mathrm{d}y) =$ (　　).

(A) 0 　　　(B) π 　　　(C) 36π 　　　(D) 54π

4. 设 Σ 表示平面 $x + y + z = 1$ 在第一卦限部分的下侧,Σ 在 xOy 平面上的投影区域记为 D_{xy},Σ 与各坐标面所围成的立体记为 Ω,令 $I = \iint_\Sigma xyz\,\mathrm{d}x\mathrm{d}y$,则(　　).

(A) $I = \dfrac{1}{\sqrt{3}} \iint_\Sigma xyz\,\mathrm{d}S$

(B) $I = \iint\limits_{\Sigma} xyz \, dy dz = \iint\limits_{\Sigma} xyz \, dz dx$

(C) $I = \iiint\limits_{\Omega} xy \, dV$

(D) $I = \iint\limits_{D_{xy}} xy(1 - x - y) \, dx dy$

5. 设 L_1, L_2 是包围原点的两条同向光滑简单闭曲线, 记 $I_1 = \oint_{L_1} \dfrac{(x-y) \, dx + (x+y) \, dy}{x^2 + y^2}$, $I_2 = \oint_{L_2} \dfrac{(x-y) \, dx + (x+y) \, dy}{x^2 + y^2}$, 则必有(　　).

(A) $I_1 = I_2 = 0$

(B) $I_1 = I_2 \neq 0$

(C) $I_1 \neq I_2$

(D) I_1, I_2 的大小关系由 L_1, L_2 而定

三、求幂级数 $\displaystyle\sum_{n=0}^{\infty} \dfrac{x^{3n}}{(3n)!}$ 的收敛域及和函数.

四、设 Σ 为椭球面 $\dfrac{x^2}{2} + \dfrac{y^2}{2} + z^2 = 1$ 的上半部分, 点 $P(x, y, z) \in \Sigma$, π 为 Σ 在点 P 处的切平面, $\rho(x, y, z)$ 为点 $O(0,0,0)$ 到平面 π 的距离, 求曲面积分 $\iint\limits_{\Sigma} \dfrac{z}{\rho(x, y, z)} \, dS$.

五、在变力 $F = 16x\boldsymbol{i} + 4z\boldsymbol{j} + (4y - 16)\boldsymbol{k}$ 的作用下,质点由原点沿曲线运动到椭球面 $4x^2 + y^2 + 4z^2 = 16$ 上的点 $P(\xi, \eta, \zeta)$ 处,问当 ξ, η, ζ 取何值时,F 所做的功 W 最大? 并求出 W 的最大值.

六、计算曲面积分

$$\iint\limits_{\Sigma} \frac{(x - y + z)\,\mathrm{d}y\mathrm{d}z + (x + y - z)\,\mathrm{d}z\mathrm{d}x + (-x + y + z)\,\mathrm{d}x\mathrm{d}y}{(x^2 + y^2 + z^2)^{\frac{3}{2}}}$$

其中 Σ 为椭球面 $x^2 + y^2 + \dfrac{z^2}{4} = 1$ 的上半部分,且其法向量与 z 轴正向成锐角.

七、设函数 $\varphi(y)$ 具有连续导数,在围绕原点的任意分段光滑简单闭曲线 C 上,曲线积分 $\oint_C \dfrac{\varphi(y)\mathrm{d}x + 2xy\mathrm{d}y}{2x^2 + y^4}$ 的值恒为一常数.

(1)证明:对右半平面 $x > 0$ 内任意分段光滑简单闭曲线 L,有 $\oint_L \dfrac{\varphi(y)\mathrm{d}x + 2xy\mathrm{d}y}{2x^2 + y^4} = 0$;

(2)求函数 $\varphi(y)$ 的表达式.

春季学期期末考试测试题（七）

一、填空题

1. 设曲线 $L:\begin{cases} x^2+y^2+z^2=1 \\ x+y+z=0 \end{cases}$，则曲线积分 $\oint_L (y^2+z)\,\mathrm{d}s=$ _____.

2. 设区域 $\Omega=\{(x,y,z)\mid x^2+y^2+z^2\leqslant 4\}$，则三重积分 $\iiint\limits_{\Omega}(x^2+3y^2+5z^2)\,\mathrm{d}V=$ _____.

3. 设有曲面 $\Sigma: |x|+|y|+|z|=1$，则曲面积分 $\oiint\limits_{\Sigma}(x+|y|)\,\mathrm{d}S=$ _____.

4. 设 L 是由点 $(\pi,-\pi)$ 经曲线 $y=\pi\cos x$ 到点 $(-\pi,\pi)$ 的曲线段，已知在任意不包含原点的单连通区域上表达式 $(x+y)f(x^2+y^2)\,\mathrm{d}x-(x-y)f(x^2+y^2)\,\mathrm{d}y$ 是某二元函数的全微分，其中 $f(u)$ 具有连续导数，且 $f(1)=1$，则曲线积分 $\int_L (x+y)f(x^2+y^2)\,\mathrm{d}x-(x-y)f(x^2+y^2)\,\mathrm{d}y=$ _____.

5. 设函数 $z=f(x,y)$ 具有连续偏导数，且 $x\dfrac{\partial z}{\partial x}+y\dfrac{\partial z}{\partial y}=\mathrm{e}^{x^2+y^2}$，$L$ 为顺时针方向圆周 $x^2+y^2=2$，则曲线积分 $\oint_L \dfrac{\partial z}{\partial x}\mathrm{d}y-\dfrac{\partial z}{\partial y}\mathrm{d}x=$ _____.

二、选择题

1. 设正项级数 $\sum\limits_{n=1}^{\infty}\ln(1+a_n)$ 收敛，则级数 $\sum\limits_{n=1}^{\infty}(-1)^n\cdot\sqrt{a_n a_{n+1}}$（   ）.

(A) 条件收敛　　　　　(B) 绝对收敛

(C) 发散　　　　　　　(D) 敛散性不能确定

2. 设数列 $\{a_n\}$ 单调递减，$\lim\limits_{n\to 0}a_n=0$，$S_n=\sum\limits_{k=1}^{n}a_k(n=1,2,\cdots)$ 无界，则幂级数 $\sum\limits_{n=1}^{\infty}a_n(x-1)^n$ 的收敛域为（   ）.

(A)$(-1,1]$　　　　　(B)$[-1,1)$

(C)$[0,2)$　　　　　　(D)$(0,2]$

3. 设曲线 $C:f(x,y)=1$（$f(x,y)$ 有连续偏导数）过第二象限内的点 M 和第四象限内的点 N，L 为 C 上从点 M 到点 N 的一段弧，则下述积分小于零的是（   ）.

(A)$\int_L f(x,y)\mathrm{d}x$　　　　(B)$\int_L f(x,y)\mathrm{d}y$

(C)$\int_L f(x,y)\mathrm{d}s$　　　　(D)$\int_L f'_x(x,y)\mathrm{d}x+f'_y(x,y)\mathrm{d}y$

4. 设曲面 Σ 是锥面 $z=\sqrt{x^2+y^2}$ 被柱面 $x^2+y^2=2x$ 截下的部分，其面积为 S，有下列命题：①$S=\sqrt{2}\pi$；②$S=2\sqrt{2}\int_0^2\mathrm{d}x\cdot\int_x^{\sqrt{2x}}\dfrac{z}{\sqrt{z^2-x^2}}\mathrm{d}z$；③$S=2\sqrt{2}\int_0^2\mathrm{d}z\int_0^{z\sqrt{1-\frac{z^2}{4}}}\dfrac{z}{\sqrt{z^2-y^2}}\mathrm{d}y$，则（   ）.

(A) 仅 ① 成立　　　　(B) 仅 ①② 成立

(C) 仅 ①③ 成立　　　(D)①②③ 均成立

5. 设 Σ 是空间光滑的有向曲面，其边界曲线 L 的正向与 Σ 的侧符合右手规则,则由斯托克斯公式,对坐标的曲线积分 $\oint_L (2xz + y)\mathrm{d}x + (xy + z^2)\mathrm{d}y + (z + x^2)\mathrm{d}z = ($ $).$

(A) $\iint\limits_{\Sigma} 2z\mathrm{d}y\mathrm{d}z + x\mathrm{d}z\mathrm{d}x + \mathrm{d}x\mathrm{d}y$

(B) $\iint\limits_{\Sigma} (2z + x + 1)\mathrm{d}S$

(C) $\iint\limits_{\Sigma} -2z\mathrm{d}y\mathrm{d}z + (y - 1)\mathrm{d}x\mathrm{d}y$

(D) $\iint\limits_{\Sigma} (2x - z)\mathrm{d}y\mathrm{d}z + (y - x)\mathrm{d}z\mathrm{d}x - z\mathrm{d}x\mathrm{d}y$

三、 设 $f(t)$ 是取正值的连续函数 $F(t) = \dfrac{\iiint\limits_{\Omega(t)} f(x^2 + y^2 + z^2)\,\mathrm{d}x\mathrm{d}y\mathrm{d}z}{\iint\limits_{D(t)} f(x^2 + y^2)\,\mathrm{d}x\mathrm{d}y}$, $G(t) = \dfrac{\iint\limits_{D(t)} f(x^2 + y^2)\,\mathrm{d}x\mathrm{d}y}{\int_{-t}^{t} f(x^2)\,\mathrm{d}x}$, 其中 $\Omega(t) = \{(x, y, z) \mid x^2 + y^2 + z^2 \leqslant t^2\}$, $D(t) = \{(x, y) \mid x^2 + y^2 \leqslant t^2\}$.

(1) 讨论 $F(t)$ 在区间 $(0, +\infty)$ 上的单调性;

(2) 证明:当 $t > 0$ 时,$F(t) > \dfrac{2}{\pi} G(t)$.

四、设 $a_1 = a_2 = 1, a_{n+1} = a_n + a_{n-1}(n = 2, 3, \cdots)$.

(1) 证明:当 $|x| < \dfrac{1}{2}$ 时,幂级数 $\sum\limits_{n=1}^{\infty} a_n x^{n-1}$ 收敛;

(2) 求幂级数 $\sum\limits_{n=1}^{\infty} a_n x^{n-1}$ 的和函数.

五、设 P 是椭球面 $S:x^2+y^2+z^2-yz=1$ 上的动点,若 S 在点 P 处的切平面与 xOy 平面垂直,求点 P 的轨迹 C,并计算曲面积分 $\displaystyle\iint_{\Sigma}\dfrac{(x+\sqrt{3})\,|y-2z|}{\sqrt{4+y^2+z^2-4yz}}\mathrm{d}S$,其中 Σ 是椭球面 S 位于曲线 C 上方的部分.

六、设函数 $f(x),g(x)$ 具有二阶连续导数,$f(0)=g(0)=0$,且对于 xOy 平面内任意简单闭曲线 L 恒有 $\displaystyle\oint_L[y^2f(x)+2ye^x+2yg(x)]\mathrm{d}x+2[yg(x)+f(x)]\mathrm{d}y=0$.

(1) 求 $f(x),g(x)$;

(2) 计算沿抛物线 $y=x^2$ 从点 $(0,0)$ 到点 $(1,1)$ 的积分.

七、确定常数 λ,使在右半平面 $x>0$ 上的向量 $\boldsymbol{A}(x,y)=2xy(x^4+y^2)^\lambda\boldsymbol{i}-x^2(x^4+y^2)^\lambda\boldsymbol{j}$ 为某二元函数 $u(x,y)$ 的梯度,并求 $u(x,y)$.

春季学期期末考试测试题(八)

一、填空题

1. 设 Ω 是由锥面 $z = \sqrt{x^2 + y^2}$ 与平面 $z = 1, z = 2$ 围成的锥台体,则三重积分 $\iiint\limits_{\Omega} \sqrt{x^2 + y^2}\, e^{z^2}\, \mathrm{d}V = $ _____.

2. 设曲面 Σ 是抛物面 $z = x^2 + y^2$ 被围在柱面 $|x| + |y| = 1$ 内部的下侧,则曲面积分 $\iint\limits_{\Sigma} yx^3\,\mathrm{d}y\mathrm{d}z + xy^3\,\mathrm{d}z\mathrm{d}x + z\,\mathrm{d}x\mathrm{d}y = $ _____.

3. 设 Σ 为球面 $(x-1)^2 + y^2 + (z+1)^2 = 4$,则曲面积分 $\iint\limits_{\Sigma}(2x + 3y + z)\,\mathrm{d}S = $ _____.

4. 设函数 $f(u)$ 具有连续导数,Σ 为球面 $x^2 + y^2 + z^2 = 1$,$x^2 + y^2 + z^2 = 4$ 与锥面 $y = \sqrt{x^2 + z^2}$ 所围成立体表面的外侧,则流速场 $\boldsymbol{V} = x^3\boldsymbol{i} + \left[\frac{1}{z}f\left(\frac{y}{z}\right) + y^3\right]\boldsymbol{j} + \left[\frac{1}{y}f\left(\frac{y}{z}\right) + z^3\right]\boldsymbol{k}$ 流过曲面 Σ 的流量为 _____.

5. 已知 $\sum\limits_{n=0}^{\infty} \frac{1}{(2n+1)^2} = \frac{\pi^2}{8}$,则积分 $\int_0^2 \frac{1}{x}\ln\left(\frac{2+x}{2-x}\right)\mathrm{d}x = $ _____.

二、选择题

1. 设 $p_n = \frac{a_n + |a_n|}{2}$,$q_n = \frac{a_n - |a_n|}{2}$ $(n = 1, 2, \cdots)$,则下列命题正确的是( ).

(A) 若级数 $\sum\limits_{n=1}^{\infty} a_n$ 收敛,则级数 $\sum\limits_{n=1}^{\infty} p_n$,$\sum\limits_{n=1}^{\infty} q_n$ 均收敛

(B) 若级数 $\sum\limits_{n=1}^{\infty} a_n$ 绝对收敛,则级数 $\sum\limits_{n=1}^{\infty} p_n$,$\sum\limits_{n=1}^{\infty} q_n$ 均收敛

(C) 若级数 $\sum\limits_{n=1}^{\infty} a_n$ 条件收敛,则级数 $\sum\limits_{n=1}^{\infty} p_n$,$\sum\limits_{n=1}^{\infty} q_n$ 敛散性不确定

(D) 若级数 $\sum\limits_{n=1}^{\infty} a_n$ 绝对收敛,则级数 $\sum\limits_{n=1}^{\infty} p_n$,$\sum\limits_{n=1}^{\infty} q_n$ 敛散性不确定

2. 设 L 为不经过原点的简单光滑闭曲线,逆时针方向,则曲线积分 $\oint_L \frac{2xy\,\mathrm{d}x - x^2\,\mathrm{d}y}{x^4 + y^2}$( ).

(A) 恒为 0

(B) L 环绕原点时值为 0,不环绕原点时值为 π

(C) L 环绕原点时值为 π,不环绕原点时值为 0

(D) 以上结论都不对

3. 设函数 $f(x)$ 在区间 $[-\pi, \pi]$ 上具有二阶连续导数,且 $f(\pi) = f(-\pi)$,记 $a_n = \int_{-\pi}^{\pi} f(x)\sin nx\,\mathrm{d}x$,$b_n = \int_{-\pi}^{\pi} f''(x)\sin nx\,\mathrm{d}x$ $(n = 1, 2, \cdots)$,若级数 $\sum\limits_{n=1}^{\infty} b_n$ 绝对收敛,则级数 $\sum\limits_{n=1}^{\infty} (-1)^n \sqrt{|a_n|}$( ).

(A) 绝对收敛   (B) 条件收敛

(C) 发散   (D) 敛散性不能确定

4. 级数 $\sum\limits_{n=1}^{\infty} \frac{(-1)^n n}{(2n+1)!}$ 的和等于( ).

(A) $\frac{1}{2}(e^2 + 2e^{-1})$ (B) $\frac{1}{2}(\cos 1 + e^{-1})$

(C) $\frac{1}{2}(\sin 1 - \cos 1 + 2)$ (D) $\frac{1}{2}(\cos 1 - \sin 1)$

5.设 Σ 是抛物面 $z=2-x^2-y^2(z\geqslant 0)$ 的上侧,则由两类曲面积分的关系,$\iint\limits_{\Sigma}P(x,y,z)\mathrm{d}y\mathrm{d}z + Q(x,y,z)\mathrm{d}z\mathrm{d}x + R(x,y,z)\mathrm{d}x\mathrm{d}y = (\qquad)$.

(A) $\iint\limits_{\Sigma}(P\cdot 2x + Q\cdot 2y + R)\mathrm{d}S$

(B) $\iint\limits_{\Sigma}\dfrac{-P\cdot 2x - Q\cdot 2y + R}{\sqrt{1+4(x^2+y^2)}}\mathrm{d}S$

(C) $\iint\limits_{\Sigma}\dfrac{P\cdot 2x + Q\cdot 2y + R}{\sqrt{1+4(x^2+y^2)}}\mathrm{d}S$

(D) $\iint\limits_{\Sigma}\dfrac{P\cdot 2x + Q\cdot 2y + R\cdot z}{\sqrt{z^2+4(x^2+y^2)}}\mathrm{d}S$

三、求级数 $\sum\limits_{n=3}^{\infty}\dfrac{(-1)^{n-1}}{(n-2)n2^n}$ 的和.

四、设函数 $z=f(x,y)$ 具有连续偏导数,且满足方程 $\dfrac{\partial z}{\partial x} + \dfrac{\partial z}{\partial y} = \mathrm{e}^{-x^2-y^2}$,$L$ 为圆周 $x^2+y^2=1$,取正向,计算曲线积分 $\oint_L (x+y)f(x,y)\mathrm{d}s$.

五、对于半空间 $x>0$ 内任意光滑有向封闭曲面 Σ,都有 $\oiint\limits_{\Sigma}xf(x)\mathrm{d}y\mathrm{d}z - xyf(x)\mathrm{d}z\mathrm{d}x - \mathrm{e}^{2x}z\mathrm{d}x\mathrm{d}y = 0$,其中 $f(x)$ 在 $(0,+\infty)$ 内有连续导数,且 $\lim\limits_{x\to 0^+}f(x)=1$,求 $f(x)$.

六、设函数 $\varphi(x)$ 具有连续导数,$\varphi(3)=1$,若对围绕点$(2,0)$的任意分段光滑简单闭曲线 L,恒有 $\oint_L \dfrac{y\,\mathrm{d}x-(x-2)\,\mathrm{d}y}{\varphi(x)+y^2}=A$(常数).

(1) 证明:在 $y>0$ 的半平面内表达式 $\dfrac{y\,\mathrm{d}x-(x-2)\,\mathrm{d}y}{\varphi(x)+y^2}$ 是某二元函数 $u(x,y)$ 的全微分;

(2) 求常数 A 及函数 $u(x,y)$.

七、设函数 $f(x)$ 在区间 $(-\infty,+\infty)$ 内二阶连续可导.

(1) 若 $\lim\limits_{x\to 0}\dfrac{f(x)}{x}=a>0$,证明:级数 $\sum\limits_{n=1}^{\infty}(-1)^{n-1}f\left(\dfrac{1}{n}\right)$ 条件收敛;

(2) 若 $\lim\limits_{x\to 0}\dfrac{f(x)}{x}=0$,证明:级数 $\sum\limits_{n=1}^{\infty}(-1)^{n-1}f\left(\dfrac{1}{n}\right)$ 绝对收敛.